学研 毎日のドリルの **特長**

やりきれるから自信がつく!

✓ 1日1枚の勉強で,学習習慣が定着!

◎目標時間に合わせ,無理のない量の問題数で構成されているので,
「1日1枚」やりきることができます。

◎解説が丁寧なので,まだ学校で習っていない内容でも勉強を進めることができます。

✓ すべての学習の土台となる「基礎力」が身につく!

◎スモールステップで構成され,1冊の中でも繰り返し練習していくので,
確実に「基礎力」を身につけることができます。「基礎」が身につくことで,発
展的な内容に進むことができるのです。

◎教科書に沿っているので,授業の進度に合わせて使うこともできます。

✓ 勉強管理アプリの活用で,楽しく勉強できる!

◎設定した勉強時間にアラームが鳴るので,学習習慣がしっかりと身につきます。

◎時間や点数などを登録していくと,成績がグラフ化されたり,
賞状をもらえたりするので,達成感を得られます。

◎勉強をがんばると,キャラクターとコミュニケーションを
取ることができるので,日々のモチベーションが上がります。

❶ 1日1枚，集中して解きましょう。

表　　　　裏

◎ **1回分は，1枚（表と裏）です。**

1枚ずつはがして使うこともできます。

◎ **目標時間を意識して解きましょう。**

アプリのストップウォッチなどで，かかった時間をはかるとよいです。

・巻末の「まとめテスト」で，この本の内容が身についたか確認できます。

❷ 答え合わせをしましょう。

・本の最後に，「答えとアドバイス」があります。

・答え合わせをして，点数をつけましょう。

できなかった問題を解き直すと，より力がつくよ！

❸ アプリに得点を登録しましょう。

・アプリに得点を登録すると，成績がグラフ化されます。
・勉強すると，キャラクターが育ちます。

♪毎日のドリル♪
勉強管理アプリ

「毎日のドリル」シリーズ専用、スマートフォン・タブレットで使える無料アプリです。
1つのアプリで、シリーズすべてを管理でき、学習習慣が楽しく身につきます。

① 「毎日のドリル」の学習を徹底サポート！

これはやる気が でるうさ！

毎日の勉強タイムをお知らせする
[タイマー]

かかった時間を計る
[ストップウォッチ]

勉強した日を記録する
[カレンダー]

入力した得点を
[グラフ化]

目標時間を 意識しよう！

② キャラクターと楽しく学べる！

べんきょうしよう がんばるぞ〜

好きなキャラクターを選ぶことができます。勉強をがんばるとキャラクターが育ち、「ひみつ」や「クイズ」が増えます。

③ 1冊終わると、ごほうびがもらえる！

ドリルが1冊終わるごとに、賞状やメダル、称号がもらえます。

④ 漢字と英単語のゲームにチャレンジ！

自己ベストを 更新を目指そう！

ゲームで、どこでも手軽に、楽しく勉強できます。漢字は学年別、英単語はレベル別に構成されており、ドリルで勉強した内容の確認にもなります。

漢字のよみがなを当てよう

単語のいみを当てよう

アプリの無料ダウンロードはこちらから！

https://gakken-ep.jp/extra/maidori/

【推奨環境】
■各種Android端末：対応OS Android6.0以上
■各種iOS（iPadOS）端末：対応OS iOS10以上

※対応OSであっても、Intel CPU（x86 Atom）搭載の端末では正しく動作しない場合があります。
※対応OSや対応機種については、各ストアでご確認ください。
※お客様のネット環境およびご利用の端末によりアプリをご利用できない場合、当社は責任を負いかねます。

また、事前の予告なく、サービスの提供を中止する場合があります。ご了承いただきますよう、お願いいたします。

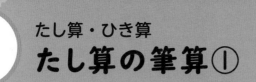

たし算の筆算①

月　　日

10分

とく点

点

1 計算をしましょう。

1つ2点【40点】

① 　412
　　+261

② 　230
　　+364

③ 　681
　　+107

④ 　450
　　+　20

⑤ 　639
　　+254

⑥ 　318
　　+342

⑦ 　145
　　+381

⑧ 　370
　　+　87

⑨ 　358
　　+265

⑩ 　359
　　+457

⑪ 　153
　　+597

⑫ 　　89
　　+618

⑬ 　950
　　+232

⑭ 　764
　　+405

⑮ 　729
　　+545

⑯ 　952
　　+372

⑰ 　685
　　+948

⑱ 　726
　　+685

⑲ 　286
　　+714

⑳ 　958
　　+　47

2 計算をしましょう。

① 　424
　＋301

② 　738
　＋113

③ 　164
　＋569

④ 　248
　＋908

⑤ 　165
　＋983

⑥ 　402
　＋466

⑦ 　281
　＋462

⑧ 　473
　＋698

⑨ 　497
　＋263

⑩ 　164
　＋837

⑪ 　369
　＋978

⑫ 　709
　＋291

3 次の計算を，□の中に筆算でしましょう。

① 357＋147

② 397＋45

③ 982＋56

④ 298＋894

⑤ 296＋709

⑥ 38＋967

3年生の計算，さい後までがんばろう！

答え ▶ 83ページ

たし算の筆算②

1 計算をしましょう。

1つ2点【40点】

①
$$\begin{array}{r} 305 \\ +532 \\ \hline \end{array}$$

②
$$\begin{array}{r} 258 \\ +315 \\ \hline \end{array}$$

③
$$\begin{array}{r} 459 \\ +265 \\ \hline \end{array}$$

④
$$\begin{array}{r} 625 \\ +20 \\ \hline \end{array}$$

⑤
$$\begin{array}{r} 148 \\ +439 \\ \hline \end{array}$$

⑥
$$\begin{array}{r} 176 \\ +781 \\ \hline \end{array}$$

⑦
$$\begin{array}{r} 937 \\ +741 \\ \hline \end{array}$$

⑧
$$\begin{array}{r} 295 \\ +537 \\ \hline \end{array}$$

⑨
$$\begin{array}{r} 353 \\ +253 \\ \hline \end{array}$$

⑩
$$\begin{array}{r} 35 \\ +479 \\ \hline \end{array}$$

⑪
$$\begin{array}{r} 929 \\ +162 \\ \hline \end{array}$$

⑫
$$\begin{array}{r} 696 \\ +706 \\ \hline \end{array}$$

⑬
$$\begin{array}{r} 674 \\ +844 \\ \hline \end{array}$$

⑭
$$\begin{array}{r} 274 \\ +498 \\ \hline \end{array}$$

⑮
$$\begin{array}{r} 977 \\ +806 \\ \hline \end{array}$$

⑯
$$\begin{array}{r} 846 \\ +715 \\ \hline \end{array}$$

⑰
$$\begin{array}{r} 926 \\ +74 \\ \hline \end{array}$$

⑱
$$\begin{array}{r} 284 \\ +865 \\ \hline \end{array}$$

⑲
$$\begin{array}{r} 947 \\ +665 \\ \hline \end{array}$$

⑳
$$\begin{array}{r} 538 \\ +468 \\ \hline \end{array}$$

2 計算をしましょう。

①
```
  1 0 7
+ 5 0 7
```

②
```
  3 9 5
+ 1 4 3
```

③
```
  8 0 4
+ 4 5 7
```

④
```
  5 4 8
+   9 3
```

⑤
```
  8 6 2
+ 3 9 1
```

⑥
```
  2 6 9
+ 5 3 7
```

⑦
```
  3 1 9
+ 9 2 9
```

⑧
```
  5 7 1
+ 8 3 3
```

⑨
```
  9 2 8
+   9 6
```

⑩
```
  2 8 3
+ 4 2 8
```

⑪
```
  7 0 8
+ 2 9 8
```

⑫
```
  5 3 9
+ 6 7 5
```

3 次の計算を，□の中に筆算でしましょう。

① 397 ＋ 236

② 252 ＋ 96

③ 84 ＋ 798

④ 754 ＋ 853

⑤ 46 ＋ 954

⑥ 876 ＋ 146

 アプリにとく点を登るくしよう！

答え ▶ 83ページ

たし算の筆算③

月　　日

とく点

点

15分

---

1 計算をしましょう。

1つ3点【45点】

① 　4583
　+1142

② 　2908
　+1561

③ 　1391
　+6561

④ 　3125
　+2603

⑤ 　2025
　+2347

⑥ 　1749
　+5913

⑦ 　2176
　+3452

⑧ 　5740
　+2739

⑨ 　3149
　+3579

⑩ 　2926
　+2790

⑪ 　1628
　+3556

⑫ 　4695
　+4119

⑬ 　4568
　+ 693

⑭ 　6834
　+2567

⑮ 　7129
　+ 61

2 計算をしましょう。

①
```
  3730
+ 2644
```

②
```
  5476
+  416
```

③
```
  1381
+ 4028
```

④
```
  2545
+ 6815
```

⑤
```
  2248
+  397
```

⑥
```
  5293
+ 1418
```

⑦
```
  6948
+  439
```

⑧
```
  5671
+ 2487
```

⑨
```
  6147
+ 2185
```

⑩
```
  3062
+ 3538
```

⑪
```
  4992
+ 3065
```

⑫
```
  8710
+  557
```

⑬
```
  4938
+ 4376
```

⑭
```
  3969
+   95
```

⑮
```
  5707
+ 3294
```

3 次の計算を，□の中に筆算でしましょう。

1つ5点【10点】

① 3984 ＋ 3952

② 8945 ＋ 763

その調子，その調子！

答え ▶ 84ページ

1 計算をしましょう。

1つ2点【40点】

①
```
  764
- 131
```

②
```
  574
- 420
```

③
```
  759
- 515
```

④
```
  856
- 326
```

⑤
```
  362
- 129
```

⑥
```
  527
- 350
```

⑦
```
  764
- 618
```

⑧
```
  405
-  53
```

⑨
```
  831
- 148
```

⑩
```
  627
- 479
```

⑪
```
  738
- 389
```

⑫
```
  541
-  96
```

⑬
```
  910
- 258
```

⑭
```
  813
- 567
```

⑮
```
  424
- 326
```

⑯
```
  210
-   3
```

⑰
```
  705
- 478
```

⑱
```
  902
-  43
```

⑲
```
  405
- 319
```

⑳
```
  600
-  92
```

2 計算をしましょう。

①
```
  258
- 152
```

②
```
  783
- 179
```

③
```
  729
- 543
```

④
```
  919
- 407
```

⑤
```
  492
-  68
```

⑥
```
  684
- 387
```

⑦
```
  614
- 545
```

⑧
```
  706
- 247
```

⑨
```
  816
- 499
```

⑩
```
  503
-  96
```

⑪
```
  840
-  49
```

⑫
```
  902
- 866
```

3 次の計算を，□の中に筆算でしましょう。

① 378 − 76

② 962 − 123

③ 706 − 51

④ 910 − 5

⑤ 715 − 487

⑥ 590 − 92

おうえんしてるからね！

答え ▶ 84ページ

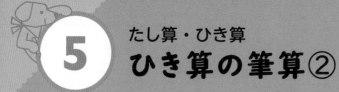

たし算・ひき算

5 ひき算の筆算②

月　　日

10分

とく点

点

1 計算をしましょう。

1つ2点【40点】

①
```
  3 9 1
- 2 1 2
```

②
```
  5 7 5
- 2 3 0
```

③
```
  4 5 5
- 2 6 4
```

④
```
  8 1 6
-   1 3
```

⑤
```
  5 4 2
- 3 9 5
```

⑥
```
  8 5 0
-   1 7
```

⑦
```
  8 1 0
-   6 3
```

⑧
```
  3 1 6
-     8
```

⑨
```
  8 4 2
- 1 6 7
```

⑩
```
  5 6 1
-   6 9
```

⑪
```
  7 3 2
- 7 2 9
```

⑫
```
  6 1 0
- 5 5 9
```

⑬
```
  8 8 3
- 3 9 4
```

⑭
```
  8 0 7
- 7 1 8
```

⑮
```
  5 3 2
-   8 4
```

⑯
```
  4 0 3
- 3 9 7
```

⑰
```
  6 0 1
-   6 3
```

⑱
```
  7 2 7
- 6 2 9
```

⑲
```
  7 0 0
-     8
```

⑳
```
  8 1 0
-   7 2
```

13

2 計算をしましょう。

①
```
  865
- 408
```

②
```
  747
- 416
```

③
```
  912
- 248
```

④
```
  430
-  28
```

⑤
```
  843
- 245
```

⑥
```
  628
-  68
```

⑦
```
  914
- 327
```

⑧
```
  605
- 459
```

⑨
```
  902
- 893
```

⑩
```
  761
-  78
```

⑪
```
  1000
-  393
```

⑫
```
  1004
-   58
```

3 次の計算を，□の中に筆算でしましょう。

① 659 − 50

② 434 − 195

③ 810 − 7

④ 703 − 66

⑤ 411 − 336

⑥ 902 − 4

今日もよくがんばったね！

答え ▶ 84ページ

6 ひき算の筆算③

たし算・ひき算

月　日

15分

とく点

点

1 計算をしましょう。

1つ3点【45点】

①
```
  5624
- 1392
```

②
```
  7586
- 2810
```

③
```
  3617
-  265
```

④
```
  4582
- 1451
```

⑤
```
  5654
- 2139
```

⑥
```
  8309
- 4285
```

⑦
```
  5893
-  273
```

⑧
```
  2373
-  145
```

⑨
```
  6378
-  810
```

⑩
```
  3662
- 1495
```

⑪
```
  8217
- 3390
```

⑫
```
  5942
-  178
```

⑬
```
  7427
- 3579
```

⑭
```
  4520
-   65
```

⑮
```
  3000
-  629
```

15

2 計算をしましょう。

①
```
  8358
- 2716
```

②
```
  9717
- 2657
```

③
```
  4907
-  463
```

④
```
  6137
- 3892
```

⑤
```
  9580
- 6754
```

⑥
```
  6442
-  384
```

⑦
```
  7951
- 5357
```

⑧
```
  9103
-  410
```

⑨
```
  8810
- 1363
```

⑩
```
  9048
- 8767
```

⑪
```
  4635
-  562
```

⑫
```
  5104
-  296
```

⑬
```
  6237
- 2968
```

⑭
```
  8021
-   65
```

⑮
```
  7004
- 4807
```

3 次の計算を，□の中に筆算でしましょう。

① 6512 − 1338

② 4006 − 928

見直しした？

答え ▶ 85ページ

7 たし算・ひき算
たし算とひき算の筆算①

月　日

15分

とく点

点

1 計算をしましょう。

1つ2点【40点】

①　　　627
　　＋　 37

②　　　265
　　＋670

③　　　129
　　＋596

④　　　513
　　＋　 94

⑤　　　782
　　－147

⑥　　　920
　　－494

⑦　　　846
　　－　 76

⑧　　　408
　　－370

⑨　　　　48
　　＋764

⑩　　　259
　　＋481

⑪　　　159
　　＋849

⑫　　　989
　　＋　 24

⑬　　　706
　　－　　7

⑭　　　842
　　－593

⑮　　　603
　　－465

⑯　　　956
　　－　 69

⑰　　　784
　　＋587

⑱　　　900
　　－608

⑲　　　904
　　＋　 96

⑳　　1003
　　－ 276

2 計算をしましょう。

①
```
   4874
 +2703
```

②
```
   5347
 +1468
```

③
```
    495
 +7652
```

④
```
   7398
 -2804
```

⑤
```
   6189
 - 917
```

⑥
```
   8506
 -5982
```

⑦
```
   4649
 +3573
```

⑧
```
   3258
 - 549
```

⑨
```
   2586
 +6918
```

⑩
```
   9372
 -5989
```

⑪
```
   8457
 +  43
```

⑫
```
   6023
 -  87
```

3 次の計算を，□の中に筆算でしましょう。 ①から③1つ4点，④・⑤1つ6点【24点】

① 780＋48

② 810－4

③ 185＋766

④ 6087＋946

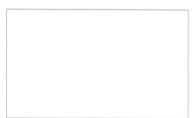

⑤ 7000－4791

今日もよくがんばったね！

たし算・ひき算
たし算とひき算の筆算②

1 計算をしましょう。

1つ3点【42点】

①
```
    4 3 6 2 5
  + 1 3 2 3 8
```

けた数が5けたになっても, 一の位からじゅんに計算する。

②
```
    2 4 6 7 0
  + 3 4 6 1 3
```

③
```
    3 6 2 4 7
  + 2 5 6 9 2
```

④
```
    1 7 3 6 9
  + 5 1 8 2 9
```

⑤
```
    2 8 7 1 8
  + 5 8 4 3 2
```

⑥
```
    3 0 9 8 4
  + 4 9 8 5 1
```

⑦
```
    6 7 7 5 9
  + 1 8 5 4 3
```

⑧
```
    8 7 5 6 2
  - 3 6 1 3 7
```

⑨
```
    6 8 0 5 8
  - 1 4 3 1 6
```

⑩
```
    7 1 5 9 4
  - 2 8 5 7 5
```

⑪
```
    8 3 1 4 9
  - 6 4 6 2 7
```

⑫
```
    5 1 5 2 3
  - 1 4 2 4 8
```

⑬
```
    9 2 0 1 5
  - 6 2 7 9 3
```

⑭
```
    6 2 0 4 8
  - 4 3 5 6 9
```

2 計算をしましょう。 1つ4点【48点】

①
```
  36196
+ 13792
```

②
```
  25732
+ 42638
```

③
```
  83263
+  8970
```

④
```
  34065
- 16702
```

⑤
```
  83149
- 42593
```

⑥
```
  78635
-  2976
```

⑦
```
   4679
+ 15614
```

⑧
```
  26987
+ 35829
```

⑨
```
  27087
+ 62917
```

⑩
```
  88492
- 27787
```

⑪
```
  57005
- 34938
```

⑫
```
  68321
- 49756
```

3 次の計算を，□の中に筆算でしましょう。 1つ5点【10点】

① 51546＋4975

② 67143－34287

チャレンジも，やりきれたね！

答え ▶ 85ページ

たし算・ひき算

たし算とひき算のまとめ

月　日　15分

とく点

点

1 計算をしましょう。

1つ2点【40点】

① 　631
　+234

② 　936
　−632

③ 　462
　+285

④ 　584
　−258

⑤ 　314
　+476

⑥ 　821
　−741

⑦ 　274
　+338

⑧ 　920
　−276

⑨ 　960
　+951

⑩ 　781
　−384

⑪ 　456
　+　59

⑫ 　900
　−543

⑬ 　697
　+607

⑭ 　984
　−　66

⑮ 　919
　+　88

⑯ 　503
　−　　8

⑰ 　282
　+789

⑱ 1000
　−　637

⑲ 　403
　+598

⑳ 　906
　−898

2 計算をしましょう。

1つ3点【36点】

①
```
   4351
 − 3219
```

②
```
   2208
 + 4407
```

③
```
   5074
 −  638
```

④
```
    766
 + 3473
```

⑤
```
   6912
 − 3483
```

⑥
```
   3459
 + 2367
```

⑦
```
   7560
 − 3495
```

⑧
```
   5457
 + 3789
```

⑨
```
   8423
 − 7967
```

⑩
```
   4508
 + 1592
```

⑪
```
   6021
 −   56
```

⑫
```
   7937
 +   68
```

3 次の計算を，□の中に筆算でしましょう。

1つ4点【24点】

① 427＋85

② 1004−337

③ 938＋419

④ 4653−1376

⑤ 1697＋7456

⑥ 7016−392

たし算とひき算の計算力が，バッチリついたね。
次はパズルだよ。

答え ● 86ページ

［まほうじん］

右の四角の○の中に，1から16の数を1つずつ入れました。

たて，横，ななめの4つの数をたすと，どれも34になっていることがわかります。

たとえば

あ 8 + 3 + 13 + 10 = 34
い 3 + 9 + 16 + 6 = 34
う 1 + 16 + 7 + 10 = 34

このふしぎな四角を「まほうじん」といいます。

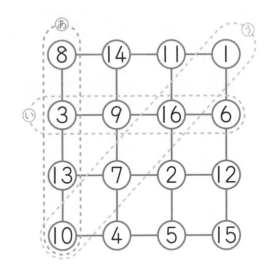

1 ○の中に1から16の数を入れて，まほうじんをかんせいさせましょう。

【ヒント】
・12+ 2 +7+○=34
・12+15+1+○=34

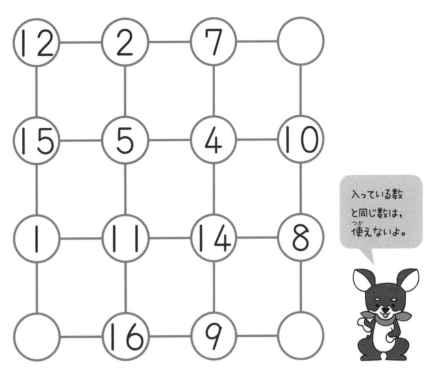

入っている数と同じ数は，使えないよ。

2 ○の中に1から16の数を入れて，まほうじんをかんせいさせましょう。

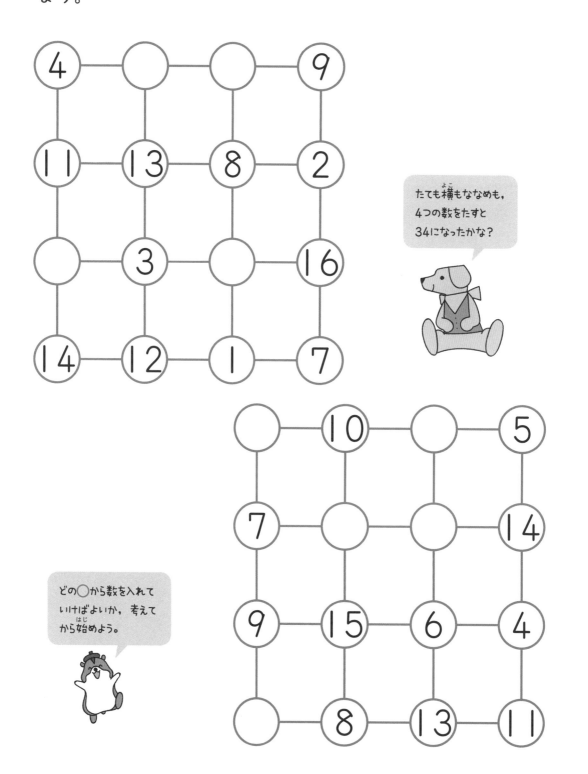

たても横もななめも，
4つの数をたすと
34になったかな？

どの○から数を入れて
いけばよいか，考えて
から始めよう。

答え ▶ 86ページ

何十，何百のかけ算

1 計算をしましょう。　　　　　　　　　　　　　　1つ2点【24点】

① 10×3　　　　　　　② 30×2

③ 20×4　　　　　　　④ 30×3

⑤ 50×7　　　　　　　⑥ 40×6

⑦ 20×8　　　　　　　⑧ 70×5

⑨ 90×3　　　　　　　⑩ 60×6

⑪ 50×4　　　　　　　⑫ 80×5

2 計算をしましょう。　　　　　　　　　　　　　　1つ2点【20点】

① 100×5　　　　　　　② 200×3

③ 400×2　　　　　　　④ 300×5

⑤ 600×3　　　　　　　⑥ 500×9

⑦ 300×8　　　　　　　⑧ 900×2

⑨ 800×4　　　　　　　⑩ 700×6

3 計算をしましょう。

① 20 × 2

② 10 × 8

③ 40 × 8

④ 60 × 5

⑤ 90 × 4

⑥ 50 × 3

⑦ 70 × 7

⑧ 80 × 2

⑨ 40 × 4

⑩ 90 × 9

⑪ 50 × 8

⑫ 60 × 4

⑬ 80 × 8

⑭ 70 × 8

⑮ 300 × 3

⑯ 200 × 4

⑰ 100 × 9

⑱ 600 × 2

⑲ 800 × 3

⑳ 700 × 3

㉑ 400 × 5

㉒ 900 × 7

㉓ 500 × 5

㉔ 300 × 9

㉕ 800 × 7

㉖ 500 × 2

かけ算をいっしょにがんばろう！

答え ▶ 86ページ

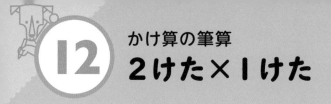

かけ算の筆算
2けた×1けた

月　　日　　10分

とく点

点

1 計算をしましょう。

1つ2点【40点】

①
```
  4 1
× 　2
```

②
```
  1 3
× 　3
```

③
```
  3 2
× 　2
```

④
```
  2 0
× 　4
```

⑤
```
  1 3
× 　5
```

⑥
```
  2 6
× 　3
```

⑦
```
  1 2
× 　8
```

⑧
```
  4 7
× 　2
```

⑨
```
  5 3
× 　3
```

⑩
```
  6 1
× 　4
```

⑪
```
  9 3
× 　2
```

⑫
```
  6 0
× 　6
```

⑬
```
  8 6
× 　2
```

⑭
```
  5 4
× 　5
```

⑮
```
  9 2
× 　7
```

⑯
```
  6 4
× 　9
```

⑰
```
  2 7
× 　4
```

⑱
```
  1 6
× 　8
```

⑲
```
  3 5
× 　6
```

⑳
```
  5 8
× 　9
```

2 計算をしましょう。

①
```
   3 1
×    2
```

②
```
   1 3
×    6
```

③
```
   2 2
×    4
```

④
```
   2 7
×    3
```

⑤
```
   7 1
×    5
```

⑥
```
   8 4
×    8
```

⑦
```
   6 3
×    3
```

⑧
```
   7 8
×    6
```

⑨
```
   4 0
×    7
```

⑩
```
   2 9
×    4
```

⑪
```
   6 9
×    6
```

⑫
```
   1 8
×    9
```

⑬
```
   6 3
×    9
```

⑭
```
   3 9
×    3
```

⑮
```
   8 6
×    7
```

⑯
```
   7 5
×    4
```

3 次の計算を，□の中に筆算でしましょう。

1つ4点【12点】

① 26×2

② 86×5

③ 64×8

見直しした？

28

3けた×1けた①

1 計算をしましょう。

1つ2点【40点】

① 　　324
　×　　　2

② 　　213
　×　　　3

③ 　　216
　×　　　4

④ 　　325
　×　　　3

⑤ 　　263
　×　　　2

⑥ 　　151
　×　　　5

⑦ 　　498
　×　　　2

⑧ 　　162
　×　　　6

⑨ 　　632
　×　　　3

⑩ 　　402
　×　　　8

⑪ 　　931
　×　　　5

⑫ 　　372
　×　　　4

⑬ 　　478
　×　　　3

⑭ 　　532
　×　　　9

⑮ 　　229
　×　　　4

⑯ 　　137
　×　　　6

⑰ 　　165
　×　　　7

⑱ 　　415
　×　　　8

⑲ 　　784
　×　　　4

⑳ 　　347
　×　　　9

2 計算をしましょう。

①
$$413 \times 2$$

②
$$327 \times 3$$

③
$$816 \times 4$$

④
$$174 \times 5$$

⑤
$$580 \times 6$$

⑥
$$715 \times 8$$

⑦
$$976 \times 9$$

⑧
$$729 \times 4$$

⑨
$$849 \times 7$$

⑩
$$502 \times 4$$

⑪
$$248 \times 9$$

⑫
$$169 \times 6$$

3 次の計算を、□の中に筆算でしましょう。

① 162×5

② 731×8

③ 507×2

④ 317×7

⑤ 368×3

⑥ 775×4

根気強く，取り組もう！

答え ▶ 87ページ

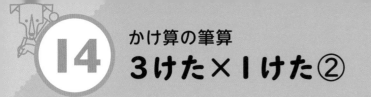

14 かけ算の筆算
3けた×1けた②

月　日　　15分

とく点

点

1 計算をしましょう。

1つ2点【40点】

①
```
  2 0 4
×     4
```

②
```
  4 2 0
×     2
```

③
```
  2 7 1
×     6
```

④
```
  3 1 2
×     3
```

⑤
```
  3 5 7
×     2
```

⑥
```
  6 0 5
×     9
```

⑦
```
  2 9 3
×     3
```

⑧
```
  8 2 6
×     4
```

⑨
```
  1 4 0
×     6
```

⑩
```
  7 8 3
×     9
```

⑪
```
  6 2 3
×     8
```

⑫
```
  1 4 5
×     7
```

⑬
```
  9 1 4
×     8
```

⑭
```
  5 0 4
×     5
```

⑮
```
  8 9 1
×     9
```

⑯
```
  6 6 2
×     7
```

⑰
```
  5 9 2
×     8
```

⑱
```
  4 5 6
×     9
```

⑲
```
  7 2 9
×     7
```

⑳
```
  6 8 8
×     6
```

2 計算をしましょう。 1つ3点【36点】

①
$$\begin{array}{r} 294 \\ \times \quad 2 \\ \hline \end{array}$$

②
$$\begin{array}{r} 230 \\ \times \quad 3 \\ \hline \end{array}$$

③
$$\begin{array}{r} 981 \\ \times \quad 5 \\ \hline \end{array}$$

④
$$\begin{array}{r} 258 \\ \times \quad 4 \\ \hline \end{array}$$

⑤
$$\begin{array}{r} 236 \\ \times \quad 4 \\ \hline \end{array}$$

⑥
$$\begin{array}{r} 926 \\ \times \quad 2 \\ \hline \end{array}$$

⑦
$$\begin{array}{r} 418 \\ \times \quad 7 \\ \hline \end{array}$$

⑧
$$\begin{array}{r} 825 \\ \times \quad 6 \\ \hline \end{array}$$

⑨
$$\begin{array}{r} 668 \\ \times \quad 3 \\ \hline \end{array}$$

⑩
$$\begin{array}{r} 543 \\ \times \quad 9 \\ \hline \end{array}$$

⑪
$$\begin{array}{r} 859 \\ \times \quad 7 \\ \hline \end{array}$$

⑫
$$\begin{array}{r} 675 \\ \times \quad 8 \\ \hline \end{array}$$

3 次の計算を，□の中に筆算でしましょう。 1つ4点【24点】

① 485×2

② 927×3

③ 801×5

④ 627×9

⑤ 269×8

⑥ 834×6

 見直しした？

答え ▶ 87ページ

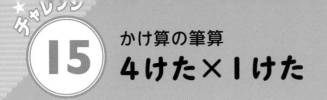

かけ算の筆算
4けた×1けた

月	日	20分
とく点		
		点

1 計算をしましょう。 1つ3点【42点】

①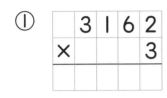

かけられる数が4けたになっても，一の位からじゅんに計算する。

②
```
  3 4 1 2
×       2
```

③
```
  2 3 1 5
×       4
```

④
```
  1 5 6 3
×       5
```

⑤
```
  8 2 6 4
×       4
```

⑥
```
  5 2 2 4
×       3
```

⑦
```
  6 5 0 3
×       7
```

⑧
```
  9 8 6 0
×       9
```

⑨
```
  3 7 4 2
×       5
```

⑩
```
  9 2 6 2
×       4
```

⑪
```
  1 7 6 2
×       8
```

⑫
```
  8 9 3 5
×       6
```

⑬
```
  7 4 8 2
×       7
```

⑭
```
  3 1 5 7
×       9
```

2 計算をしましょう。 1つ4点【48点】

①
$$\begin{array}{r} 4232 \\ \times \qquad 2 \\ \hline \end{array}$$

②
$$\begin{array}{r} 2031 \\ \times \qquad 3 \\ \hline \end{array}$$

③
$$\begin{array}{r} 1274 \\ \times \qquad 6 \\ \hline \end{array}$$

④
$$\begin{array}{r} 3758 \\ \times \qquad 2 \\ \hline \end{array}$$

⑤
$$\begin{array}{r} 5193 \\ \times \qquad 5 \\ \hline \end{array}$$

⑥
$$\begin{array}{r} 6840 \\ \times \qquad 7 \\ \hline \end{array}$$

⑦
$$\begin{array}{r} 8652 \\ \times \qquad 9 \\ \hline \end{array}$$

⑧
$$\begin{array}{r} 7009 \\ \times \qquad 4 \\ \hline \end{array}$$

⑨
$$\begin{array}{r} 5493 \\ \times \qquad 8 \\ \hline \end{array}$$

⑩
$$\begin{array}{r} 4685 \\ \times \qquad 3 \\ \hline \end{array}$$

⑪
$$\begin{array}{r} 6935 \\ \times \qquad 6 \\ \hline \end{array}$$

⑫
$$\begin{array}{r} 7529 \\ \times \qquad 7 \\ \hline \end{array}$$

3 次の計算を，□の中に筆算でしましょう。 1つ5点【10点】

① 1672×6

② 6018×8

 むずかしい計算も，バッチリできたね！

答え ▶ 88ページ

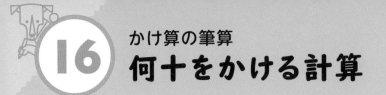

16 かけ算の筆算
何十をかける計算

1 計算をしましょう。　　　　　　　　　　　　　　1つ2点【20点】

① 4 × 20　　　　　　② 3 × 30

③ 6 × 40　　　　　　④ 8 × 20

⑤ 7 × 30　　　　　　⑥ 9 × 50

⑦ 4 × 80　　　　　　⑧ 8 × 70

⑨ 2 × 50　　　　　　⑩ 5 × 80

2 計算をしましょう。　　　　　　　　　　　　　　1つ2点【24点】

① 24 × 20　　　　　② 21 × 40

③ 14 × 30　　　　　④ 17 × 50

⑤ 36 × 20　　　　　⑥ 62 × 30

⑦ 25 × 60　　　　　⑧ 53 × 80

⑨ 20 × 60　　　　　⑩ 60 × 30

⑪ 50 × 20　　　　　⑫ 40 × 50

3 計算をしましょう。

①から㉒1つ2点，㉓から㉖1つ3点【56点】

① 2 × 20

② 8 × 40

③ 6 × 70

④ 7 × 60

⑤ 8 × 90

⑥ 3 × 20

⑦ 7 × 40

⑧ 9 × 70

⑨ 4 × 50

⑩ 2 × 80

⑪ 6 × 80

⑫ 8 × 50

⑬ 32 × 30

⑭ 15 × 50

⑮ 43 × 20

⑯ 26 × 30

⑰ 12 × 70

⑱ 40 × 70

⑲ 23 × 40

⑳ 61 × 60

㉑ 30 × 80

㉒ 53 × 30

㉓ 20 × 50

㉔ 45 × 50

㉕ 62 × 90

㉖ 50 × 60

おうえんしてるからね！

答え ▶ 88ページ

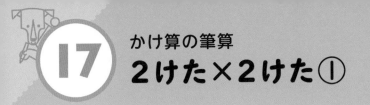

2けた×2けた①

1 計算をしましょう。

1つ2点【32点】

① 　21
　×32

② 　30
　×13

③ 　24
　×23

④ 　15
　×36

⑤ 　54
　×18

⑥ 　27
　×26

⑦ 　34
　×32

⑧ 　23
　×74

⑨ 　86
　×41

⑩ 　46
　×75

⑪ 　74
　×26

⑫ 　94
　×54

⑬ 　86
　×83

⑭ 　64
　×79

⑮ 　49
　×30

⑯ 　86
　×70

2 計算をしましょう。

①から⑪1つ3点，⑫から⑯1つ4点【53点】

①
$$\begin{array}{r} 12 \\ \times\ 24 \\ \hline \end{array}$$

②
$$\begin{array}{r} 36 \\ \times\ 27 \\ \hline \end{array}$$

③
$$\begin{array}{r} 17 \\ \times\ 42 \\ \hline \end{array}$$

④
$$\begin{array}{r} 43 \\ \times\ 72 \\ \hline \end{array}$$

⑤
$$\begin{array}{r} 78 \\ \times\ 50 \\ \hline \end{array}$$

⑥
$$\begin{array}{r} 24 \\ \times\ 43 \\ \hline \end{array}$$

⑦
$$\begin{array}{r} 73 \\ \times\ 51 \\ \hline \end{array}$$

⑧
$$\begin{array}{r} 56 \\ \times\ 94 \\ \hline \end{array}$$

⑨
$$\begin{array}{r} 48 \\ \times\ 38 \\ \hline \end{array}$$

⑩
$$\begin{array}{r} 83 \\ \times\ 61 \\ \hline \end{array}$$

⑪
$$\begin{array}{r} 95 \\ \times\ 28 \\ \hline \end{array}$$

⑫
$$\begin{array}{r} 79 \\ \times\ 80 \\ \hline \end{array}$$

⑬
$$\begin{array}{r} 69 \\ \times\ 19 \\ \hline \end{array}$$

⑭
$$\begin{array}{r} 94 \\ \times\ 65 \\ \hline \end{array}$$

⑮
$$\begin{array}{r} 57 \\ \times\ 79 \\ \hline \end{array}$$

⑯
$$\begin{array}{r} 47 \\ \times\ 64 \\ \hline \end{array}$$

3 次の計算を，□の中に筆算でしましょう。

1つ5点【15点】

① 24×64

② 35×60

③ 62×36

その調子，その調子！

答え ▶ 88ページ

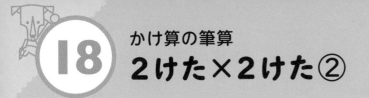

18 かけ算の筆算
2けた×2けた②

月　日　**15**分

とく点

点

1 計算をしましょう。

1つ2点【32点】

① 　　１４
　　×６３

② 　　３９
　　×７１

③ 　　２６
　　×３２

④ 　　４０
　　×２８

⑤ 　　２６
　　×９３

⑥ 　　３５
　　×２７

⑦ 　　３８
　　×２８

⑧ 　　８３
　　×５４

⑨ 　　８２
　　×７９

⑩ 　　４１
　　×８５

⑪ 　　６７
　　×３０

⑫ 　　５９
　　×４３

⑬ 　　４７
　　×９０

⑭ 　　８３
　　×６９

⑮ 　　７２
　　×４８

⑯ 　　７８
　　×６５

2 計算をしましょう。

① $\begin{array}{r} 23 \\ \times 42 \\ \hline \end{array}$

② $\begin{array}{r} 42 \\ \times 52 \\ \hline \end{array}$

③ $\begin{array}{r} 13 \\ \times 78 \\ \hline \end{array}$

④ $\begin{array}{r} 25 \\ \times 23 \\ \hline \end{array}$

⑤ $\begin{array}{r} 18 \\ \times 64 \\ \hline \end{array}$

⑥ $\begin{array}{r} 52 \\ \times 40 \\ \hline \end{array}$

⑦ $\begin{array}{r} 43 \\ \times 18 \\ \hline \end{array}$

⑧ $\begin{array}{r} 27 \\ \times 74 \\ \hline \end{array}$

⑨ $\begin{array}{r} 63 \\ \times 59 \\ \hline \end{array}$

⑩ $\begin{array}{r} 72 \\ \times 69 \\ \hline \end{array}$

⑪ $\begin{array}{r} 59 \\ \times 51 \\ \hline \end{array}$

⑫ $\begin{array}{r} 62 \\ \times 48 \\ \hline \end{array}$

⑬ $\begin{array}{r} 16 \\ \times 63 \\ \hline \end{array}$

⑭ $\begin{array}{r} 49 \\ \times 70 \\ \hline \end{array}$

⑮ $\begin{array}{r} 37 \\ \times 82 \\ \hline \end{array}$

⑯ $\begin{array}{r} 96 \\ \times 75 \\ \hline \end{array}$

3 次の計算を，□の中に筆算でしましょう。

① 19×53

② 85×38

③ 94×43

おうえんしてるからね！

答え ▶ 89ページ

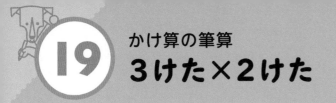

3けた×2けた

月　　　日　　　15分

とく点

点

1 計算をしましょう。

1つ3点【36点】

①
```
   3 2 6
×    2 4
```

②
```
   2 1 5
×    4 2
```

③
```
   1 2 4
×    6 3
```

④
```
   2 4 9
×    2 3
```

⑤
```
   3 5 6
×    2 6
```

⑥
```
   2 8 7
×    6 2
```

⑦
```
   5 6 3
×    9 5
```

⑧
```
   2 0 4
×    9 8
```

⑨
```
   4 8 3
×    7 3
```

⑩
```
   6 7 3
×    8 4
```

⑪
```
   2 6 3
×    2 0
```

⑫
```
   7 4 9
×    5 0
```

2 計算をしましょう。

①から⑧1つ4点，⑨から⑫1つ5点【52点】

①
```
  1 6 9
×   4 3
```

②
```
  4 1 9
×   1 2
```

③
```
  3 5 7
×   2 7
```

④
```
  3 8 6
×   6 2
```

⑤
```
  3 0 7
×   8 3
```

⑥
```
  1 9 2
×   5 9
```

⑦
```
  5 2 9
×   6 8
```

⑧
```
  8 4 2
×   4 6
```

⑨
```
  4 0 6
×   7 0
```

⑩
```
  3 8 7
×   5 9
```

⑪
```
  7 0 0
×   4 8
```

⑫
```
  2 7 6
×   4 0
```

3 次の計算を，□の中に筆算でしましょう。

1つ6点【12点】

① 145×76

② 408×37

もうすぐ半分だよ。のこりもがんばろう！

答え ▶ 89ページ

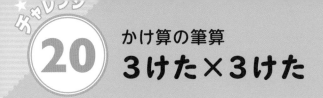

20 かけ算の筆算
3けた×3けた

月　日　　20分

とく点

点

1 計算をしましょう。

1つ4点【40点】

①
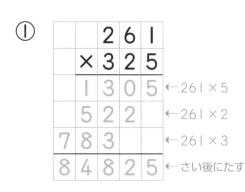

```
      2 6 1
  ×   3 2 5
  1 3 0 5  ←261×5
    5 2 2  ←261×2
  7 8 3    ←261×3
  8 4 8 2 5  ←さい後にたす
```

3けた×3けたも,
3けた×2けたと
同じように, かけ
る数の一の位から
じゅんに計算する。

②
```
    1 5 2
  × 6 3 2
```

③
```
  2 5 8
× 2 9 1
```

④
```
  3 6 5
× 2 4 7
```

⑤
```
  4 1 7
× 4 2 3
```

⑥
```
  2 9 4
× 6 5 3
```

⑦
```
  5 3 9
× 4 6 3
```

⑧
```
  7 6 4
× 2 5 8
```

⑨
```
  5 0 8
× 4 5 7
```

⑩
```
  3 7 2
× 7 8 9
```

43

2 計算をしましょう。

① 137
　×432

② 265
　×312

③ 315
　×273

④ 740
　×518

⑤ 238
　×346

⑥ 163
　×695

⑦ 352
　×684

⑧ 628
　×957

⑨ 208
　×584

⑩ 246
　×704

⑪ 957
　×796

⑫ 492
　×936

やったー！　チャレンジせいこうだ！

答え ▶ 89ページ

かけ算の筆算のまとめ

月　日　15分

とく点

点

1 計算をしましょう。

1つ2点【40点】

①
```
   3 2
 ×   3
```

②
```
   2 8
 ×   3
```

③
```
   4 1
 ×   8
```

④
```
   9 6
 ×   4
```

⑤
```
   1 6
 ×   9
```

⑥
```
   6 7
 ×   5
```

⑦
```
   8 6
 ×   6
```

⑧
```
   7 6
 ×   7
```

⑨
```
   2 4 3
 ×     2
```

⑩
```
   1 4 2
 ×     4
```

⑪
```
   1 2 8
 ×     7
```

⑫
```
   7 1 4
 ×     6
```

⑬
```
   4 0 2
 ×     5
```

⑭
```
   8 4 3
 ×     5
```

⑮
```
   7 3 5
 ×     3
```

⑯
```
   9 4 0
 ×     8
```

⑰
```
   1 8 4
 ×     6
```

⑱
```
   6 6 5
 ×     8
```

⑲
```
   7 2 5
 ×     4
```

⑳
```
   3 4 5
 ×     9
```

2 計算をしましょう。 1つ5点【30点】

①
```
    1 7
×   5 2
```

②
```
    6 9
×   9 0
```

③
```
    6 5
×   4 7
```

④
```
    2 3 1
×     3 4
```

⑤
```
    8 0 9
×     7 4
```

⑥
```
    6 8 7
×     4 6
```

3 次の計算を，□の中に筆算でしましょう。 1つ6点【30点】

① 58×15

② 75×40

③ 82×98

④ 728×53

⑤ 685×90

かけ算の練習は，これでバッチリだね！

答え ▶ 90ページ

あまりのないわり算

月　日　**10**分

とく点

点

1 計算をしましょう。

1つ2点【48点】

① 4 ÷ 2

② 20 ÷ 5

③ 15 ÷ 3

④ 21 ÷ 7

⑤ 5 ÷ 5

⑥ 0 ÷ 4

⑦ 16 ÷ 4

⑧ 6 ÷ 3

⑨ 36 ÷ 9

⑩ 16 ÷ 2

⑪ 0 ÷ 8

⑫ 32 ÷ 8

⑬ 12 ÷ 2

⑭ 25 ÷ 5

⑮ 21 ÷ 3

⑯ 16 ÷ 8

⑰ 24 ÷ 6

⑱ 54 ÷ 9

⑲ 4 ÷ 1

⑳ 48 ÷ 6

㉑ 81 ÷ 9

㉒ 28 ÷ 4

㉓ 42 ÷ 7

㉔ 72 ÷ 8

2 計算をしましょう。

① $10 \div 5$

② $7 \div 1$

③ $27 \div 9$

④ $40 \div 8$

⑤ $0 \div 1$

⑥ $63 \div 7$

⑦ $30 \div 5$

⑧ $3 \div 1$

⑨ $14 \div 2$

⑩ $18 \div 6$

⑪ $4 \div 4$

⑫ $56 \div 8$

⑬ $24 \div 3$

⑭ $18 \div 2$

⑮ $35 \div 7$

⑯ $0 \div 6$

⑰ $32 \div 4$

⑱ $36 \div 6$

⑲ $63 \div 9$

⑳ $64 \div 8$

㉑ $8 \div 8$

㉒ $24 \div 4$

㉓ $28 \div 7$

㉔ $27 \div 3$

㉕ $72 \div 9$

㉖ $42 \div 6$

わり算の力をつけよう！

答え ▶ 90ページ

23 わり算
あまりのあるわり算

月　　日　　15分

とく点

点

1 計算をしましょう。

1つ2点【48点】

① 8 ÷ 3

② 17 ÷ 2

③ 12 ÷ 5

④ 26 ÷ 6

⑤ 25 ÷ 4

⑥ 18 ÷ 7

⑦ 58 ÷ 9

⑧ 47 ÷ 8

⑨ 17 ÷ 6

⑩ 13 ÷ 2

⑪ 28 ÷ 5

⑫ 29 ÷ 9

⑬ 47 ÷ 7

⑭ 23 ÷ 4

⑮ 17 ÷ 3

⑯ 28 ÷ 8

⑰ 39 ÷ 5

⑱ 22 ÷ 3

⑲ 45 ÷ 6

⑳ 50 ÷ 8

㉑ 31 ÷ 4

㉒ 25 ÷ 9

㉓ 22 ÷ 8

㉔ 52 ÷ 7

2 計算をしましょう。

1つ2点【52点】

① 19÷5

② 7÷2

③ 13÷3

④ 18÷8

⑤ 67÷9

⑥ 31÷5

⑦ 20÷3

⑧ 35÷8

⑨ 50÷9

⑩ 11÷4

⑪ 40÷6

⑫ 20÷7

⑬ 15÷2

⑭ 34÷4

⑮ 44÷5

⑯ 28÷6

⑰ 39÷7

⑱ 29÷3

⑲ 52÷6

⑳ 53÷8

㉑ 19÷4

㉒ 26÷7

㉓ 23÷6

㉔ 70÷8

㉕ 55÷7

㉖ 33÷9

その調子，その調子！

答え ▶ 90ページ

わり算①

1 計算をしましょう。

1つ2点【48点】

① 15 ÷ 5

② 18 ÷ 6

③ 12 ÷ 4

④ 56 ÷ 7

⑤ 18 ÷ 9

⑥ 2 ÷ 2

⑦ 18 ÷ 5

⑧ 11 ÷ 2

⑨ 32 ÷ 6

⑩ 33 ÷ 4

⑪ 20 ÷ 9

⑫ 7 ÷ 3

⑬ 35 ÷ 7

⑭ 18 ÷ 3

⑮ 81 ÷ 9

⑯ 36 ÷ 6

⑰ 0 ÷ 3

⑱ 32 ÷ 8

⑲ 30 ÷ 7

⑳ 45 ÷ 8

㉑ 51 ÷ 6

㉒ 54 ÷ 7

㉓ 61 ÷ 9

㉔ 31 ÷ 8

2 計算をしましょう。

① $35 \div 5$

② $63 \div 7$

③ $9 \div 3$

④ $14 \div 2$

⑤ $14 \div 4$

⑥ $35 \div 6$

⑦ $40 \div 9$

⑧ $16 \div 7$

⑨ $28 \div 4$

⑩ $24 \div 6$

⑪ $7 \div 7$

⑫ $36 \div 9$

⑬ $42 \div 5$

⑭ $23 \div 3$

⑮ $62 \div 8$

⑯ $11 \div 5$

⑰ $28 \div 7$

⑱ $0 \div 1$

⑲ $48 \div 8$

⑳ $63 \div 9$

㉑ $22 \div 6$

㉒ $30 \div 4$

㉓ $44 \div 7$

㉔ $28 \div 3$

㉕ $24 \div 8$

㉖ $35 \div 9$

アプリにとく点は登ろくしてみたかな？

答え ▶ 91ページ

25 わり算
わり算②

月　　日　　15分

とく点

点

1 計算をしましょう。　　　　　　　　　　　　1つ2点【48点】

① 20 ÷ 4　　　　　　　② 45 ÷ 9

③ 47 ÷ 5　　　　　　　④ 25 ÷ 3

⑤ 45 ÷ 5　　　　　　　⑥ 12 ÷ 2

⑦ 39 ÷ 9　　　　　　　⑧ 22 ÷ 4

⑨ 42 ÷ 6　　　　　　　⑩ 21 ÷ 3

⑪ 19 ÷ 2　　　　　　　⑫ 51 ÷ 7

⑬ 9 ÷ 9　　　　　　　⑭ 0 ÷ 8

⑮ 11 ÷ 6　　　　　　　⑯ 60 ÷ 8

⑰ 21 ÷ 7　　　　　　　⑱ 36 ÷ 4

⑲ 53 ÷ 6　　　　　　　⑳ 34 ÷ 9

㉑ 5 ÷ 1　　　　　　　㉒ 32 ÷ 8

㉓ 29 ÷ 6　　　　　　　㉔ 33 ÷ 7

2 計算をしましょう。

① $14 \div 3$

② $10 \div 2$

③ $6 \div 6$

④ $37 \div 5$

⑤ $34 \div 6$

⑥ $56 \div 8$

⑦ $18 \div 3$

⑧ $31 \div 9$

⑨ $54 \div 6$

⑩ $37 \div 4$

⑪ $22 \div 7$

⑫ $1 \div 1$

⑬ $9 \div 2$

⑭ $30 \div 6$

⑮ $49 \div 7$

⑯ $21 \div 8$

⑰ $18 \div 4$

⑱ $14 \div 2$

⑲ $72 \div 8$

⑳ $59 \div 6$

㉑ $80 \div 9$

㉒ $20 \div 4$

㉓ $40 \div 5$

㉔ $68 \div 7$

㉕ $61 \div 8$

㉖ $54 \div 9$

見直しした?

答え ▶ 91ページ

1 計算をしましょう。　　　　　　　　　　　　　1つ2点【20点】

① 20 ÷ 2　　　　　　　② 40 ÷ 2

③ 30 ÷ 3　　　　　　　④ 60 ÷ 3

⑤ 80 ÷ 2　　　　　　　⑥ 70 ÷ 7

⑦ 50 ÷ 5　　　　　　　⑧ 80 ÷ 4

⑨ 60 ÷ 2　　　　　　　⑩ 90 ÷ 3

2 計算をしましょう。　　　　　　　　　　　　　1つ2点【24点】

① 24 ÷ 2　　　　　　　② 33 ÷ 3

③ 42 ÷ 2　　　　　　　④ 66 ÷ 3

⑤ 48 ÷ 2　　　　　　　⑥ 77 ÷ 7

⑦ 84 ÷ 4　　　　　　　⑧ 69 ÷ 3

⑨ 66 ÷ 2　　　　　　　⑩ 55 ÷ 5

⑪ 93 ÷ 3　　　　　　　⑫ 99 ÷ 9

3 計算をしましょう。

①から㉒1つ2点，㉓から㉖1つ3点【56点】

① $40 \div 4$

② $26 \div 2$

③ $90 \div 9$

④ $39 \div 3$

⑤ $64 \div 2$

⑥ $60 \div 6$

⑦ $20 \div 1$

⑧ $88 \div 2$

⑨ $44 \div 2$

⑩ $30 \div 3$

⑪ $70 \div 7$

⑫ $44 \div 4$

⑬ $66 \div 2$

⑭ $36 \div 3$

⑮ $46 \div 2$

⑯ $50 \div 1$

⑰ $88 \div 4$

⑱ $28 \div 2$

⑲ $90 \div 3$

⑳ $62 \div 2$

㉑ $22 \div 2$

㉒ $80 \div 4$

㉓ $60 \div 2$

㉔ $77 \div 7$

㉕ $48 \div 4$

㉖ $96 \div 3$

その調子，その調子！

答え ▶ 92ページ

大きな数のわり算②

月　　日　　15分
とく点　　　　　　点

1 計算をしましょう。　　　　　　　　　　　　　　　　　　1つ2点【16点】

①　120 ÷ 3 ＝ ☐

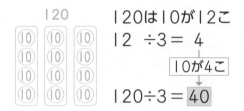

120は10が12こ
12 ÷3 ＝ 4
　　10が4こ
120÷3 ＝ 40

②　1200 ÷ 3 ＝ ☐

1200は100が12こ
12 ÷3 ＝ 4
　　100が4こ
1200÷3 ＝ 400

③　140 ÷ 2

④　1800 ÷ 3

⑤　240 ÷ 4

⑥　4500 ÷ 9

⑦　360 ÷ 9

⑧　2100 ÷ 7

2 計算をしましょう。　　　　　　　　　　　　　　　　　　1つ2点【12点】

①　150 ÷ 50 ＝ ☐

150 …10が15こ
50 …10が5こ
10をもとにすると

15 ÷ 5 ＝ 3 ←等しい
150÷50 ＝ 3 ←

②　1500 ÷ 500 ＝ ☐

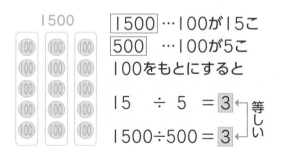

1500 …100が15こ
500 …100が5こ
100をもとにすると

15 ÷ 5 ＝ 3 ←等しい
1500÷500 ＝ 3 ←

③　90 ÷ 30

④　1200 ÷ 400

⑤　240 ÷ 60

⑥　5600 ÷ 800

3 計算をしましょう。　　　　　　　　　　　　　　　1つ3点【36点】

① 160 ÷ 4　　　　　　　　② 250 ÷ 5

③ 480 ÷ 6　　　　　　　　④ 140 ÷ 7

⑤ 270 ÷ 9　　　　　　　　⑥ 300 ÷ 5

⑦ 400 ÷ 2　　　　　　　　⑧ 2400 ÷ 8

⑨ 3200 ÷ 4　　　　　　　⑩ 5600 ÷ 7

⑪ 4200 ÷ 6　　　　　　　⑫ 4000 ÷ 8

4 計算をしましょう。　　　　　　　　　　　　　　　1つ3点【36点】

① 60 ÷ 20　　　　　　　　② 350 ÷ 50

③ 280 ÷ 70　　　　　　　④ 630 ÷ 90

⑤ 120 ÷ 20　　　　　　　⑥ 320 ÷ 80

⑦ 800 ÷ 400　　　　　　　⑧ 2100 ÷ 300

⑨ 4200 ÷ 700　　　　　　⑩ 8100 ÷ 900

⑪ 6400 ÷ 800　　　　　　⑫ 3000 ÷ 600

チャレンジができたね！

答え ▶ 92ページ

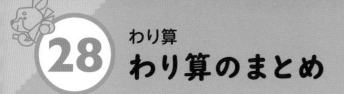

わり算のまとめ

1 計算をしましょう。

1つ2点【48点】

① 29 ÷ 4

② 0 ÷ 9

③ 45 ÷ 5

④ 5 ÷ 2

⑤ 21 ÷ 6

⑥ 24 ÷ 8

⑦ 61 ÷ 7

⑧ 9 ÷ 9

⑨ 24 ÷ 4

⑩ 26 ÷ 3

⑪ 40 ÷ 8

⑫ 78 ÷ 9

⑬ 24 ÷ 5

⑭ 48 ÷ 6

⑮ 49 ÷ 7

⑯ 21 ÷ 4

⑰ 24 ÷ 3

⑱ 54 ÷ 8

⑲ 24 ÷ 7

⑳ 18 ÷ 2

㉑ 12 ÷ 6

㉒ 58 ÷ 7

㉓ 72 ÷ 9

㉔ 41 ÷ 6

2 ☐にあてはまる数を書きましょう。　　　　　　　　1つ3点【24点】

① $28 \div \boxed{} = 4$　　　　② $\boxed{} \div 8 = 5$

③ $\boxed{} \div 4 = 3 あまり 3$　　　④ $22 \div \boxed{} = 2 あまり 4$

⑤ $48 \div \boxed{} = 6 あまり 6$　　　⑥ $\boxed{} \div 5 = 7 あまり 3$

⑦ $\boxed{} \div 9 = 4 あまり 1$　　　⑧ $56 \div \boxed{} = 9 あまり 2$

3 計算をしましょう。　　　　　　　　　　　　　1つ2点【28点】

① $30 \div 1$　　　　　　② $86 \div 2$

③ $66 \div 6$　　　　　　④ $40 \div 2$

⑤ $36 \div 3$　　　　　　⑥ $80 \div 8$

⑦ $82 \div 2$　　　　　　⑧ $77 \div 7$

⑨ $48 \div 4$　　　　　　⑩ $60 \div 3$

⑪ $50 \div 5$　　　　　　⑫ $99 \div 3$

⑬ $88 \div 2$　　　　　　⑭ $90 \div 3$

わり算の計算力がついたね！
次はパズルだよ。

答え ▶ 92ページ

［まほうじん］

右の四角の○の中に，1から16の数を1つずつ入れました。

たて，横，ななめの4つの数をたすと，どれも34になっていることがわかります。

たとえば

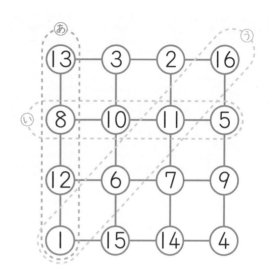

ⓐ　13 + 8 + 12 + 1 = 34
ⓘ　8 + 10 + 11 + 5 = 34
ⓤ　16 + 11 + 6 + 1 = 34

このふしぎな四角を「まほうじん」といいます。

1 ○の中に1から16の数を入れて，まほうじんをかんせいさせましょう。

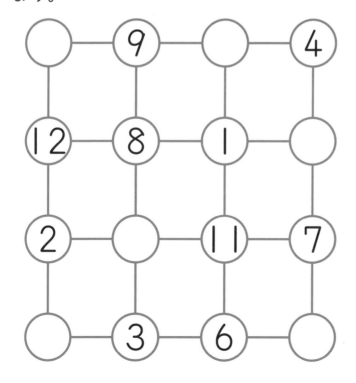

○+1+11+6=34
12+8+1+○=34
だよね。

61

② ○の中に1から16の数を入れて，まほうじんをかんせいさせましょう。

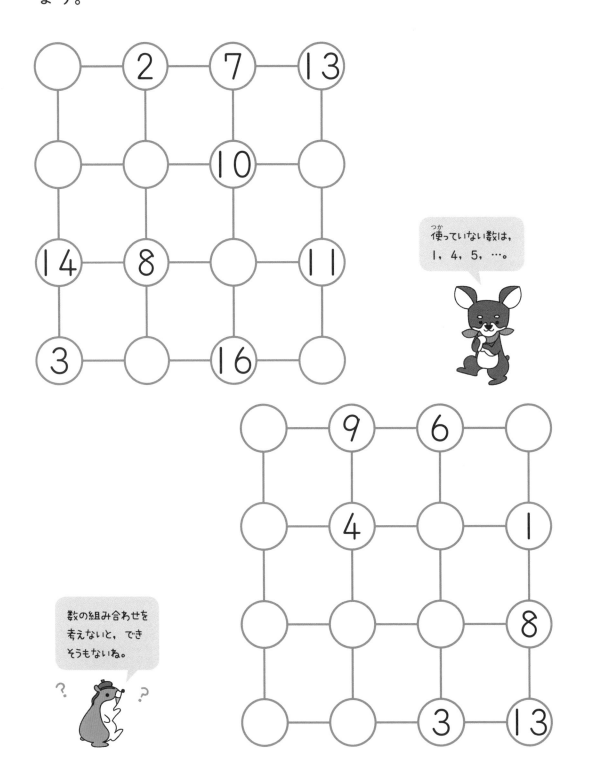

使っていない数は，
1，4，5，…。

数の組み合わせを
考えないと，でき
そうもないね。

答え ▶ 93ページ

小数のたし算

1 計算をしましょう。

1つ2点【46点】

① $0.3 + 0.4$

② $1.8 + 0.1$

③ $0.1 + 1.6$

④ $0.4 + 0.9$

⑤ $0.2 + 1.9$

⑥ $0.7 + 0.2$

⑦ $2.2 + 0.4$

⑧ $0.9 + 2$

⑨ $0.5 + 0.8$

⑩ $1 + 0.6$

⑪ $2.9 + 0.1$

⑫ $0.2 + 0.8$

⑬ $0.6 + 0.7$

⑭ $0.1 + 3$

⑮ $2 + 0.5$

⑯ $0.5 + 0.5$

⑰ $1.6 + 0.4$

⑱ $3.5 + 0.1$

⑲ $0.4 + 0.4$

⑳ $2.4 + 0.6$

㉑ $0.8 + 2.8$

㉒ $0.6 + 1.3$

㉓ $0.9 + 0.7$

2 計算をしましょう。 1つ3点【30点】

① 1
  +1.5

② 3.2
  +4.4

③ 0.9
  +3.4

④ 2
  +5.9

⑤ 3.7
  +4.6

⑥ 1.7
  +9

⑦ 2.8
  +5.2

⑧ 3.6
  +0.4

⑨ 4.7
  +6.3

⑩ 5.3
  +7.8

3 次の計算を，□の中に筆算でしましょう。 1つ4点【24点】

① 2.3 + 4.6

② 3.9 + 2.6

③ 5 + 1.3

④ 4.3 + 8.7

⑤ 1.6 + 7

⑥ 1.4 + 32

 小数の計算をがんばろう！

答え ▶ 93ページ

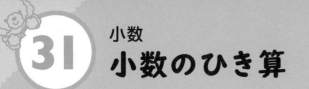

31 小数
小数のひき算

月	日	10分

とく点

点

1 計算をしましょう。

1つ2点【46点】

① 0.7 − 0.5

② 1 − 0.4

③ 1.6 − 0.9

④ 1.5 − 1

⑤ 1.4 − 0.3

⑥ 2.7 − 1.2

⑦ 3.5 − 0.1

⑧ 0.8 − 0.2

⑨ 2 − 0.7

⑩ 1.9 − 0.4

⑪ 0.6 − 0.3

⑫ 1.8 − 1

⑬ 1.1 − 0.8

⑭ 3.3 − 1.1

⑮ 2.2 − 2

⑯ 2 − 0.9

⑰ 1.5 − 0.6

⑱ 2.8 − 0.7

⑲ 3 − 0.4

⑳ 3.2 − 0.9

㉑ 3.8 − 1.3

㉒ 4.3 − 4

㉓ 2.4 − 0.7

2 計算をしましょう。

①
```
  7.3
− 4.2
```

②
```
  3.6
− 2.6
```

③
```
  4
− 1.9
```

④
```
  2.7
− 1.8
```

⑤
```
  9.3
− 6.7
```

⑥
```
  7.6
− 7.2
```

⑦
```
  5.1
− 2.1
```

⑧
```
  8.5
− 4
```

⑨
```
  7
− 6.8
```

⑩
```
  10.2
−  7.8
```

3 次の計算を、□の中に筆算でしましょう。

① 5.9 − 3.2

② 8.3 − 6.3

③ 3.1 − 2.6

④ 6 − 2.7

⑤ 13 − 2.4

⑥ 9.4 − 5.9

その調子，その調子！

答え ▶ 93ページ

小数
小数のたし算とひき算①

1 計算をしましょう。

1つ2点【46点】

① 0.1 + 0.9

② 0.4 + 0.5

③ 2.6 − 0.3

④ 0.6 − 0.3

⑤ 0.7 + 0.8

⑥ 0.5 + 2.3

⑦ 1 − 0.3

⑧ 2.4 − 1

⑨ 0.4 + 2.7

⑩ 1.6 + 0.2

⑪ 3.5 − 3

⑫ 1.8 − 0.9

⑬ 3 + 0.8

⑭ 4.6 + 0.4

⑮ 2.8 − 1.1

⑯ 2.6 − 0.7

⑰ 0.2 + 4

⑱ 0.6 + 0.6

⑲ 3 − 0.5

⑳ 3.8 − 0.4

㉑ 0.9 + 0.1

㉒ 0.8 + 3.9

㉓ 4.7 − 4

2 計算をしましょう。 1つ3点【30点】

①
$$\begin{array}{r} 2.2 \\ + 0.8 \\ \hline \end{array}$$

②
$$\begin{array}{r} 3.4 \\ + 1.7 \\ \hline \end{array}$$

③
$$\begin{array}{r} 5.9 \\ - 1.9 \\ \hline \end{array}$$

④
$$\begin{array}{r} 4.3 \\ - 3 \\ \hline \end{array}$$

⑤
$$\begin{array}{r} 3.4 \\ - 2.5 \\ \hline \end{array}$$

⑥
$$\begin{array}{r} 6 \\ - 4.2 \\ \hline \end{array}$$

⑦
$$\begin{array}{r} 3 \\ + 2.8 \\ \hline \end{array}$$

⑧
$$\begin{array}{r} 10 \\ + \ \ 4.1 \\ \hline \end{array}$$

⑨
$$\begin{array}{r} 2.9 \\ + 7.1 \\ \hline \end{array}$$

⑩
$$\begin{array}{r} 11.2 \\ - \ \ 8.6 \\ \hline \end{array}$$

3 次の計算を，□の中に筆算でしましょう。 1つ4点【24点】

① $5.6 + 0.4$

② $2.4 + 5$

③ $3.7 + 4.6$

④ $5 - 4.1$

⑤ $7.7 - 1.7$

⑥ $10.5 - 9.8$

 今日もよくがんばったね！

答え ▶ 94ページ

小数のたし算とひき算②

1 計算をしましょう。　　1つ2点【40点】

① 3.4 + 2.3

② 5.2 + 0.7

③ 4.6 + 3.8

④ 12.6 + 2.3

⑤ 8.7 − 8.1

⑥ 7.9 − 5.3

⑦ 5.2 − 4.6

⑧ 11.7 − 8.9

⑨ 1.6 + 7.4

⑩ 4.8 + 5.2

⑪ 5.8 + 3.9

⑫ 3.8 + 4

⑬ 5 − 2.4

⑭ 10.3 − 8.3

⑮ 6.1 − 5

⑯ 9.6 − 7.8

⑰ 20 + 3.7

⑱ 1.8 + 18

⑲ 16 − 4.4

⑳ 13.3 − 7.5

2 計算をしましょう。

①
$$\begin{array}{r} 3.6 \\ -\ 0.6 \\ \hline \end{array}$$

②
$$\begin{array}{r} 9 \\ -\ 8.4 \\ \hline \end{array}$$

③
$$\begin{array}{r} 3.7 \\ +\ 4.3 \\ \hline \end{array}$$

④
$$\begin{array}{r} 4.3 \\ +\ 5.9 \\ \hline \end{array}$$

⑤
$$\begin{array}{r} 0.8 \\ +\ 4.8 \\ \hline \end{array}$$

⑥
$$\begin{array}{r} 7 \\ +\ 1.3 \\ \hline \end{array}$$

⑦
$$\begin{array}{r} 10.5 \\ -\ 10.1 \\ \hline \end{array}$$

⑧
$$\begin{array}{r} 8.4 \\ -\ 3.7 \\ \hline \end{array}$$

⑨
$$\begin{array}{r} 3.9 \\ +\ 23 \\ \hline \end{array}$$

⑩
$$\begin{array}{r} 9.7 \\ -\ 7.8 \\ \hline \end{array}$$

⑪
$$\begin{array}{r} 1.5 \\ +\ 8.5 \\ \hline \end{array}$$

⑫
$$\begin{array}{r} 15 \\ -\ \ \ 4.2 \\ \hline \end{array}$$

3 次の計算を，□の中に筆算でしましょう。

① $2 + 6.7$

② $4.1 + 5.9$

③ $8.6 + 1.5$

④ $5.3 - 2.3$

⑤ $8.2 - 7.7$

⑥ $17 - 6.2$

その調子，その調子！

答え ▶ 94ページ

小数のたし算とひき算③

1 計算をしましょう。

1つ3点【42点】

①
```
   2 1.7
+  1 4.2
```

大きな数の小数になっても，整数と同じように計算する。
答えの小数点は，上の小数点にそろえてうつ。

②
```
   4 0.5
+    7.8
```

③
```
   7 8.6
-  4 1.3
```

④
```
   4 8.2
-  1 6.3
```

⑤
```
   6 9.4
-    5.8
```

⑥
```
   1 6.9
+  7 8.4
```

⑦
```
   2 7.6
+  4 7.5
```

⑧
```
     3.8
+  8 9.7
```

⑨
```
   5 9
-  2 3.4
```

⑩
```
   7 6.1
-  7 1.4
```

⑪
```
   5 6.3
-  3 7.6
```

⑫
```
   6 5.4
+  2 4.7
```

⑬
```
   3 9
+  4 6.3
```

⑭
```
   3 8.1
-  2 9.5
```

2 計算をしましょう。

①
```
  7 2.8
- 4 0.6
```

②
```
  9 7
- 9 1.2
```

③
```
  8 5.3
-   4.7
```

④
```
  3 0.5
+ 5 0.3
```

⑤
```
    0.2
+ 2 7.8
```

⑥
```
  3 5.7
+ 4 6.7
```

⑦
```
  5 4.9
- 1 9.6
```

⑧
```
  6 1.7
- 3 2.8
```

⑨
```
  5 3.2
- 2 3.7
```

⑩
```
  7 5.4
+ 6 2.8
```

⑪
```
  4 7.2
+ 4 2.9
```

⑫
```
  9 8.7
+ 3 5.6
```

⑬
```
  8 0.5
- 1 2.6
```

⑭
```
  9 0
- 8 0.3
```

⑮
```
  4 6.3
+ 5 3.7
```

3 次の計算を，□の中に筆算でしましょう。

① 35.9 ＋ 67.9

② 80 － 7.2

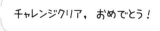
チャレンジクリア，おめでとう！

答え ▶ 94ページ

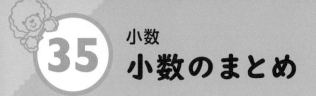

小数
小数のまとめ

月	日	15分
とく点		
		点

1 計算をしましょう。　　　　　　　　　　１つ2点【20点】

① 0.9 + 0.7　　　　② 1 − 0.3

③ 0.4 + 2.2　　　　④ 1.7 − 0.9

⑤ 0.6 + 1.7　　　　⑥ 5.1 − 5

⑦ 2.7 + 0.3　　　　⑧ 3.1 − 1.8

⑨ 3 + 0.5　　　　⑩ 2.2 − 0.6

2 計算をしましょう。　　　　　　　　　　１つ2点【20点】

①　　2.6　　②　　2　　③　　2.6　　④　　3.5
　　+ 3.1　　　　+ 6.3　　　　+ 5.4　　　　+ 4

⑤　　5.8　　⑥　　8.7　　⑦　　7.1　　⑧　　5
　　− 2.4　　　　− 3.7　　　　− 6.9　　　　− 4.2

⑨　　　3.9　　⑩　　1 0.4
　　+ 1 3　　　　−　　5.8

3 計算をしましょう。

① 　　1.8
　　＋2.8

② 　　2
　　＋4.7

③ 　　8.9
　　－6

④ 　　5.1
　　－4.7

⑤ 　10.3
　－　5.3

⑥ 　　6
　　－3.2

⑦ 　　2.4
　　＋12

⑧ 　　3.7
　　＋1.3

⑨ 　　8.6
　　＋1.4

⑩ 　　7.5
　　－5.9

⑪ 　　13
　　＋　6.5

⑫ 　13.6
　－　7.8

4 次の計算を，□の中に筆算でしましょう。

① 3.5＋6

② 3.9＋8.9

③ 13＋4.7

④ 9.4－9.1

⑤ 8.3－4.7

⑥ 21－8.4

小数の計算力がバッチリついたね！

答え ▶ 95ページ

36 分数

分数のたし算とひき算①

月　　日

とく点

点

15分

---

1 計算をしましょう。

1つ2点【36点】

① $\dfrac{1}{4} + \dfrac{2}{4}$

② $\dfrac{3}{6} + \dfrac{2}{6}$

③ $\dfrac{3}{4} - \dfrac{1}{4}$

④ $\dfrac{4}{5} - \dfrac{1}{5}$

⑤ $\dfrac{2}{5} + \dfrac{3}{5}$

⑥ $\dfrac{4}{7} + \dfrac{2}{7}$

⑦ $\dfrac{6}{7} - \dfrac{2}{7}$

⑧ $1 - \dfrac{2}{5}$

⑨ $\dfrac{4}{9} + \dfrac{5}{9}$

⑩ $\dfrac{3}{8} + \dfrac{2}{8}$

⑪ $\dfrac{5}{6} - \dfrac{4}{6}$

⑫ $1 - \dfrac{3}{8}$

⑬ $\dfrac{5}{9} + \dfrac{3}{9}$

⑭ $\dfrac{1}{7} + \dfrac{6}{7}$

⑮ $\dfrac{5}{6} - \dfrac{3}{6}$

⑯ $1 - \dfrac{3}{7}$

⑰ $\dfrac{7}{9} + \dfrac{2}{9}$

⑱ $1 - \dfrac{6}{9}$

2 計算をしましょう。

①から⑯1つ3点，⑰から⑳1つ4点【64点】

① $\dfrac{2}{4} + \dfrac{1}{4}$

② $\dfrac{4}{9} + \dfrac{1}{9}$

③ $\dfrac{3}{5} - \dfrac{1}{5}$

④ $1 - \dfrac{2}{3}$

⑤ $\dfrac{5}{10} + \dfrac{5}{10}$

⑥ $\dfrac{4}{8} + \dfrac{3}{8}$

⑦ $\dfrac{4}{6} - \dfrac{1}{6}$

⑧ $\dfrac{5}{8} - \dfrac{1}{8}$

⑨ $\dfrac{3}{7} + \dfrac{1}{7}$

⑩ $\dfrac{1}{2} + \dfrac{1}{2}$

⑪ $1 - \dfrac{7}{10}$

⑫ $\dfrac{5}{8} - \dfrac{2}{8}$

⑬ $\dfrac{6}{9} + \dfrac{3}{9}$

⑭ $\dfrac{4}{10} + \dfrac{3}{10}$

⑮ $\dfrac{9}{10} - \dfrac{4}{10}$

⑯ $1 - \dfrac{3}{9}$

⑰ $\dfrac{1}{8} + \dfrac{6}{8}$

⑱ $\dfrac{6}{10} + \dfrac{4}{10}$

⑲ $1 - \dfrac{5}{10}$

⑳ $\dfrac{7}{8} - \dfrac{5}{8}$

分数をいっしょにがんばろう！

答え ▶ 95ページ

分数のたし算とひき算②

1 計算をしましょう。

1つ2点【36点】

① $\dfrac{1}{3} + \dfrac{2}{3}$

② $\dfrac{2}{3} - \dfrac{1}{3}$

③ $\dfrac{2}{7} + \dfrac{4}{7}$

④ $\dfrac{7}{9} - \dfrac{5}{9}$

⑤ $\dfrac{3}{9} + \dfrac{2}{9}$

⑥ $\dfrac{5}{7} - \dfrac{1}{7}$

⑦ $\dfrac{1}{6} + \dfrac{4}{6}$

⑧ $1 - \dfrac{3}{4}$

⑨ $\dfrac{3}{8} + \dfrac{5}{8}$

⑩ $1 - \dfrac{2}{7}$

⑪ $\dfrac{4}{9} + \dfrac{3}{9}$

⑫ $\dfrac{8}{10} - \dfrac{5}{10}$

⑬ $\dfrac{7}{10} + \dfrac{2}{10}$

⑭ $\dfrac{5}{9} - \dfrac{4}{9}$

⑮ $\dfrac{1}{10} + \dfrac{9}{10}$

⑯ $\dfrac{9}{10} - \dfrac{8}{10}$

⑰ $\dfrac{7}{10} + \dfrac{3}{10}$

⑱ $1 - \dfrac{2}{9}$

2 計算をしましょう。

①から⑯1つ3点，⑰から⑳1つ4点【64点】

① $\dfrac{4}{6} + \dfrac{2}{6}$

② $1 - \dfrac{5}{6}$

③ $\dfrac{2}{8} + \dfrac{5}{8}$

④ $\dfrac{4}{5} - \dfrac{3}{5}$

⑤ $\dfrac{2}{6} + \dfrac{3}{6}$

⑥ $\dfrac{7}{9} - \dfrac{2}{9}$

⑦ $\dfrac{1}{7} + \dfrac{6}{7}$

⑧ $1 - \dfrac{3}{8}$

⑨ $\dfrac{2}{8} + \dfrac{2}{8}$

⑩ $\dfrac{7}{8} - \dfrac{4}{8}$

⑪ $\dfrac{3}{10} + \dfrac{6}{10}$

⑫ $\dfrac{9}{10} - \dfrac{2}{10}$

⑬ $\dfrac{5}{9} + \dfrac{4}{9}$

⑭ $1 - \dfrac{7}{9}$

⑮ $\dfrac{3}{10} + \dfrac{7}{10}$

⑯ $\dfrac{8}{10} - \dfrac{4}{10}$

⑰ $\dfrac{3}{7} + \dfrac{4}{7}$

⑱ $\dfrac{6}{7} - \dfrac{2}{7}$

⑲ $\dfrac{6}{10} + \dfrac{4}{10}$

⑳ $1 - \dfrac{8}{10}$

よくできたね！

答え ▶ 96ページ

分数のたし算とひき算③

1 計算をしましょう。

1つ3点【36点】

① $\dfrac{1}{6} + \dfrac{2}{6} + \dfrac{2}{6} = \dfrac{\boxed{5}}{6}$

$\dfrac{1}{6}$が（1＋2＋2）こなので$\dfrac{5}{6}$

② $\dfrac{8}{9} - \dfrac{3}{9} - \dfrac{4}{9}$

③ $\dfrac{2}{7} + \dfrac{3}{7} - \dfrac{1}{7}$

④ $\dfrac{6}{8} - \dfrac{5}{8} + \dfrac{4}{8}$

⑤ $\dfrac{10}{11} - \dfrac{6}{11} - \dfrac{2}{11}$

$\dfrac{1}{11}$が（10−6−2）こ

⑥ $\dfrac{6}{9} - \dfrac{4}{9} + \dfrac{3}{9}$

⑦ $\dfrac{3}{7} + \dfrac{1}{7} + \dfrac{2}{7}$

⑧ $\dfrac{2}{10} + \dfrac{5}{10} - \dfrac{3}{10}$

⑨ $\dfrac{5}{9} + \dfrac{3}{9} - \dfrac{7}{9}$

⑩ $\dfrac{9}{10} - \dfrac{1}{10} - \dfrac{5}{10}$

⑪ $\dfrac{2}{9} + \dfrac{3}{9} + \dfrac{1}{9}$

⑫ $\dfrac{6}{12} - \dfrac{2}{12} + \dfrac{7}{12}$

2 計算をしましょう。

1つ4点【64点】

① $\dfrac{8}{9} - \dfrac{4}{9} - \dfrac{2}{9}$

② $\dfrac{3}{9} + \dfrac{1}{9} + \dfrac{4}{9}$

③ $\dfrac{6}{11} + \dfrac{4}{11} - \dfrac{8}{11}$

④ $\dfrac{7}{11} - \dfrac{1}{11} + \dfrac{2}{11}$

⑤ $\dfrac{5}{10} + \dfrac{1}{10} + \dfrac{2}{10}$

⑥ $\dfrac{2}{7} + \dfrac{5}{7} - \dfrac{3}{7}$

⑦ $\dfrac{11}{12} - \dfrac{10}{12} + \dfrac{1}{12}$

⑧ $\dfrac{11}{14} - \dfrac{1}{14} - \dfrac{7}{14}$

⑨ $1 - \dfrac{3}{7} + \dfrac{2}{7}$

⑩ $\dfrac{6}{10} + \dfrac{2}{10} - \dfrac{2}{10}$

⑪ $\dfrac{1}{13} + \dfrac{3}{13} + \dfrac{7}{13}$

⑫ $\dfrac{13}{15} - \dfrac{4}{15} - \dfrac{7}{15}$

⑬ $\dfrac{8}{12} - \dfrac{5}{12} + \dfrac{9}{12}$

⑭ $1 - \dfrac{3}{14} - \dfrac{6}{14}$

⑮ $\dfrac{2}{9} + \dfrac{3}{9} + \dfrac{4}{9}$

⑯ $\dfrac{7}{15} + \dfrac{4}{15} - \dfrac{8}{15}$

このドリルで，計算力がバッチリついたね。
さい後は，まとめテストだよ。

答え ▶ 96ページ

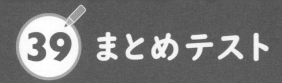

名前

月　日　**20**分

とく点

点

---

1 計算をしましょう。

①から⑩１つ２点，⑪から⑰１つ４点【48点】

①
```
   965
+  658
```

②
```
   842
-  389
```

③
```
   2980
+  5276
```

④
```
   5313
-  2906
```

⑤
```
   6857
+  2947
```

⑥
```
   9120
-  6478
```

⑦
```
   45
×   7
```

⑧
```
   59
×   9
```

⑨
```
   164
×    8
```

⑩
```
   839
×    6
```

⑪
```
   28
× 27
```

⑫
```
   36
× 82
```

⑬
```
   86
× 50
```

⑭
```
   95
× 56
```

⑮
```
   347
×   24
```

⑯
```
   785
×   37
```

⑰
```
   906
×   58
```

計算をしましょう。　　　　　　　　　　　

① $24 \div 6$　　　　　　　　② $19 \div 3$

③ $32 \div 9$　　　　　　　　④ $0 \div 7$

⑤ $43 \div 5$　　　　　　　　⑥ $56 \div 7$

⑦ $79 \div 8$　　　　　　　　⑧ $90 \div 3$

⑨ $86 \div 2$　　　　　　　　⑩ $69 \div 3$

⑪
$$\begin{array}{r} 3.4 \\ + 4.8 \\ \hline \end{array}$$
⑫
$$\begin{array}{r} 7.1 \\ - 4.1 \\ \hline \end{array}$$
⑬
$$\begin{array}{r} 5.6 \\ + 2.7 \\ \hline \end{array}$$
⑭
$$\begin{array}{r} 6.3 \\ - 5.9 \\ \hline \end{array}$$

⑮
$$\begin{array}{r} 4.8 \\ + 5.2 \\ \hline \end{array}$$
⑯
$$\begin{array}{r} 10 \\ - \quad 3.5 \\ \hline \end{array}$$
⑰
$$\begin{array}{r} 26 \\ + \quad 2.3 \\ \hline \end{array}$$
⑱
$$\begin{array}{r} 9.6 \\ - 2.8 \\ \hline \end{array}$$

⑲ $\dfrac{1}{4} + \dfrac{2}{4}$　　　　　　⑳ $\dfrac{4}{5} - \dfrac{2}{5}$

㉑ $\dfrac{3}{5} + \dfrac{2}{5}$　　　　　　㉒ $1 - \dfrac{2}{8}$

㉓ $\dfrac{2}{10} + \dfrac{6}{10}$　　　　　㉔ $\dfrac{9}{10} - \dfrac{7}{10}$

㉕ $\dfrac{8}{10} + \dfrac{2}{10}$　　　　　㉖ $1 - \dfrac{6}{14}$

答え ▶ 96ページ

答えとアドバイス

▶まちがえた問題は，もう一度やり直しましょう。
▶ ❶アドバイス を読んで，学習に役立てましょう。

① たし算の筆算① 　5~6ページ

1
①673　②594　③788
④470　⑤893　⑥660
⑦526　⑧457　⑨623
⑩816　⑪750　⑫707
⑬1182　⑭1169　⑮1274
⑯1324　⑰1633　⑱1411
⑲1000　⑳1005

2
①725　②851　③733
④1156　⑤1148　⑥868
⑦743　⑧1171　⑨760
⑩1001　⑪1347　⑫1000

3
①
```
  357
+ 147
─────
  504
```
②
```
  397
+  45
─────
  442
```
③
```
  982
+  56
─────
 1038
```
④
```
  298
+ 894
─────
 1192
```
⑤
```
  296
+ 709
─────
 1005
```
⑥
```
   38
+ 967
─────
 1005
```

❶アドバイス　くり上がりのある筆算では，くり上げた1を小さく書いて計算するとまちがいをふせげます。3けたの数のたし算では，**1**⑰のように，くり上がりが3回ある計算もあるので，とくに注意しましょう。

3は，位をたてにきちんとそろえて書いてから計算しましょう。②，③，⑥のようにけた数がちがう筆算を書く

ときは，気をつけましょう。

② たし算の筆算② 　7~8ページ

1
①837　②573　③724
④645　⑤587　⑥957
⑦1678　⑧832　⑨606
⑩514　⑪1091　⑫1402
⑬1518　⑭772　⑮1783
⑯1561　⑰1000　⑱1149
⑲1612　⑳1006

2
①614　②538　③1261
④641　⑤1253　⑥806
⑦1248　⑧1404　⑨1024
⑩711　⑪1006　⑫1214

3
①
```
  397
+ 236
─────
  633
```
②
```
  252
+  96
─────
  348
```
③
```
   84
+ 798
─────
  882
```
④
```
  754
+ 853
─────
 1607
```
⑤
```
   46
+ 954
─────
 1000
```
⑥
```
  876
+ 146
─────
 1022
```

❶アドバイス　たし算の筆算は，一の位からじゅんに計算しますが，これは3けたの数より大きなけた数になってもかわりません。ここでしっかりと身につけましょう。

なれてきたら，自分で目ひょう時間を決めて，その時間内で正しい答えが出せるように練習しましょう。

1
①5725　②4469　③7952
④5728　⑤4372　⑥7662
⑦5628　⑧8479　⑨6728
⑩5716　⑪5184　⑫8814
⑬5261　⑭9401　⑮7190

2
①6374　②5892　③5409
④9360　⑤2645　⑥6711
⑦7387　⑧8158　⑨8332
⑩6600　⑪8057　⑫9267
⑬9314　⑭4064　⑮9001

3
①
$$\begin{array}{r} 3984 \\ +3952 \\ \hline 7936 \end{array}$$
②
$$\begin{array}{r} 8945 \\ +\ 763 \\ \hline 9708 \end{array}$$

アドバイス　4けたの数のたし算を筆算でします。くり上がりが3回ある計算もあるので，くり上がりに注意しましょう。

④ ひき算の筆算①　11~12ページ

1
①633　②154　③244
④530　⑤233　⑥177
⑦146　⑧352　⑨683
⑩148　⑪349　⑫445
⑬652　⑭246　⑮98
⑯207　⑰227　⑱859
⑲86　⑳508

2
①106　②604　③186
④512　⑤424　⑥297
⑦69　⑧459　⑨317
⑩407　⑪791　⑫36

3
①
$$\begin{array}{r} 378 \\ -\ 76 \\ \hline 302 \end{array}$$
②
$$\begin{array}{r} 962 \\ -123 \\ \hline 839 \end{array}$$

③
$$\begin{array}{r} 706 \\ -\ 51 \\ \hline 655 \end{array}$$
④
$$\begin{array}{r} 910 \\ -\ \ 5 \\ \hline 905 \end{array}$$

⑤
$$\begin{array}{r} 715 \\ -487 \\ \hline 228 \end{array}$$
⑥
$$\begin{array}{r} 590 \\ -\ 92 \\ \hline 498 \end{array}$$

アドバイス　くり下がりがあるときは，くり下げたあとの数を小さく書いておくと，計算まちがいをふせげます。
3は，位をきちんとそろえて書くことが大切です。

⑤ ひき算の筆算②　13~14ページ

1
①179　②345　③191
④803　⑤147　⑥833
⑦747　⑧308　⑨675
⑩492　⑪3　⑫51
⑬489　⑭89　⑮448
⑯6　⑰538　⑱98
⑲692　⑳738

2
①457　②331　③664
④402　⑤598　⑥560
⑦587　⑧146　⑨9
⑩683　⑪607　⑫946

3
①
$$\begin{array}{r} 659 \\ -\ 50 \\ \hline 609 \end{array}$$
②
$$\begin{array}{r} 434 \\ -195 \\ \hline 239 \end{array}$$

③
$$\begin{array}{r} 810 \\ -\ \ 7 \\ \hline 803 \end{array}$$
④
$$\begin{array}{r} 703 \\ -\ 66 \\ \hline 637 \end{array}$$

⑤
$$\begin{array}{r} 411 \\ -336 \\ \hline 75 \end{array}$$
⑥
$$\begin{array}{r} 902 \\ -\ \ 4 \\ \hline 898 \end{array}$$

アドバイス　**2**⑪，⑫は千の位からじゅんにくり下げて計算します。

⑥ ひき算の筆算③ 15~16ページ

1 ①4232 ②4776 ③3352
④3131 ⑤3515 ⑥4024
⑦5620 ⑧2228 ⑨5568
⑩2167 ⑪4827 ⑫5764
⑬3848 ⑭4455 ⑮2371

2 ①5642 ②7060 ③4444
④2245 ⑤2826 ⑥6058
⑦2594 ⑧8693 ⑨7447
⑩281 ⑪4073 ⑫4808
⑬3269 ⑭7956 ⑮2197

3
①
```
   6512
 -1338
   5174
```
②
```
   4006
  - 928
   3078
```

⚡アドバイス　ひき算の筆算は, けた数が多くなっても計算のしかたは同じです。くり下がりが3回ある計算には注意しましょう。計算をしたら, 答えにひく数をたして, ひかれる数になるかで, 答えのたしかめをしましょう。

⑦ たし算とひき算の筆算① 17~18ページ

1 ①664 ②935 ③725
④607 ⑤635 ⑥426
⑦770 ⑧38 ⑨812
⑩740 ⑪1008 ⑫1013
⑬699 ⑭249 ⑮138
⑯887 ⑰1371 ⑱292
⑲1000 ⑳727

2 ①7577 ②6815 ③8147
④4594 ⑤5272 ⑥2524
⑦8222 ⑧2709 ⑨9504
⑩3383 ⑪8500 ⑫5936

3
①
```
   780
 +  48
   828
```
②
```
   810
 -   4
   806
```
③
```
   185
 +766
   951
```
④
```
   6087
 + 946
   7033
```
⑤
```
   7000
 -4791
   2209
```

⚡アドバイス　たし算とひき算がまじっています。よく見て計算しましょう。また, ひき算はどの位から1くり下げるかということに気をつけましょう。

⑧ たし算とひき算の筆算② 19~20ページ

1 ①56863 ②59283
③61939 ④69198
⑤87150 ⑥80835
⑦86302 ⑧51425
⑨53742 ⑩43019
⑪18522 ⑫37275
⑬29222 ⑭18479

2 ①49988 ②68370
③92233 ④17363
⑤40556 ⑥75659
⑦20293 ⑧62816
⑨90004 ⑩60705
⑪22067 ⑫18565

3
①
```
   51546
 + 4975
   56521
```
②
```
   67143
 -34287
   32856
```

⚡アドバイス　筆算は, けた数が多くなっても計算のしかたは同じです。一の位からじゅんに, くり上がりやくり下がりに気をつけて計算しましょう。

⑨ たし算とひき算のまとめ 21~22ページ

1 ①865 ②304 ③747
④326 ⑤790 ⑥80
⑦612 ⑧644 ⑨1911
⑩397 ⑪515 ⑫357
⑬1304 ⑭918 ⑮1007
⑯495 ⑰1071 ⑱363
⑲1001 ⑳8

2 ①1132 ②6615 ③4436
④4239 ⑤3429 ⑥5826
⑦4065 ⑧9246 ⑨456
⑩6100 ⑪5965 ⑫8005

3
①
```
   4 2 7
+    8 5
   5 1 2
```
②
```
  1 0 0 4
-   3 3 7
    6 6 7
```
③
```
   9 3 8
+ 4 1 9
 1 3 5 7
```
④
```
  4 6 5 3
- 1 3 7 6
  3 2 7 7
```
⑤
```
  1 6 9 7
+ 7 4 5 6
  9 1 5 3
```
⑥
```
  7 0 1 6
-   3 9 2
  6 6 2 4
```

●アドバイス **1**⑫, ⑯, ⑳は, 一の位の計算で, 百の位から十の位へ, 十の位から一の位へとじゅんにくり下げます。

⑩ 算数パズル 23~24ページ

❶

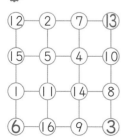

❷

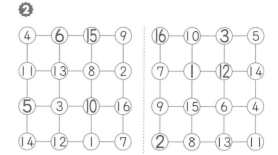

⑪ 何十, 何百のかけ算 25~26ページ

1 ①30 ②60 ③80
④90 ⑤350 ⑥240
⑦160 ⑧350 ⑨270
⑩360 ⑪200 ⑫400

2 ①500 ②600 ③800
④1500 ⑤1800 ⑥4500
⑦2400 ⑧1800 ⑨3200
⑩4200

3 ①40 ②80 ③320
④300 ⑤360 ⑥150
⑦490 ⑧160 ⑨160
⑩810 ⑪400 ⑫240
⑬640 ⑭560 ⑮900
⑯800 ⑰900 ⑱1200
⑲2400 ⑳2100 ㉑2000
㉒6300 ㉓2500 ㉔2700
㉕5600 ㉖1000

●アドバイス 10や100が何こあるかを考え, 九九を使ってもとめます。

1⑪ 50×4
・10が(5×4)こで, **20こ**
・10が**20こ**で, 200

2④ 300×5
・100が(3×5)こで, **15こ**
・100が**15こ**で, 1500
となります。

⑫ 2けた×1けた

27~28ページ

1
① 82 ② 39 ③ 64
④ 80 ⑤ 65 ⑥ 78
⑦ 96 ⑧ 94 ⑨ 159
⑩ 244 ⑪ 186 ⑫ 360
⑬ 172 ⑭ 270 ⑮ 644
⑯ 576 ⑰ 108 ⑱ 128
⑲ 210 ⑳ 522

2
① 62 ② 78 ③ 88
④ 81 ⑤ 355 ⑥ 672
⑦ 189 ⑧ 468 ⑨ 280
⑩ 116 ⑪ 414 ⑫ 162
⑬ 567 ⑭ 117 ⑮ 602
⑯ 300

3

①
$$
\begin{array}{r}
2\,6 \\
\times\ \ \ 2 \\
\hline
5\,2
\end{array}
$$

②
$$
\begin{array}{r}
8\,6 \\
\times\ \ \ 5 \\
\hline
4\,3\,0
\end{array}
$$

③
$$
\begin{array}{r}
6\,4 \\
\times\ \ \ 8 \\
\hline
5\,1\,2
\end{array}
$$

⚠️アドバイス **3** 位をきちんとそろえて書き，くり上がりに注意して計算しましょう。

⑬ 3けた×1けた①

29~30ページ

1
① 648 ② 639 ③ 864
④ 975 ⑤ 526 ⑥ 755
⑦ 996 ⑧ 972 ⑨ 1896
⑩ 3216 ⑪ 4655 ⑫ 1488
⑬ 1434 ⑭ 4788 ⑮ 916
⑯ 822 ⑰ 1155 ⑱ 3320
⑲ 3136 ⑳ 3123

2
① 826 ② 981 ③ 3264
④ 870 ⑤ 3480 ⑥ 5720

⑦ 8784 ⑧ 2916 ⑨ 5943
⑩ 2008 ⑪ 2232 ⑫ 1014

3

①
$$
\begin{array}{r}
1\,6\,2 \\
\times\ \ \ \ \ 5 \\
\hline
8\,1\,0
\end{array}
$$

②
$$
\begin{array}{r}
7\,3\,1 \\
\times\ \ \ \ \ 8 \\
\hline
5\,8\,4\,8
\end{array}
$$

③
$$
\begin{array}{r}
5\,0\,7 \\
\times\ \ \ \ \ 2 \\
\hline
1\,0\,1\,4
\end{array}
$$

④
$$
\begin{array}{r}
3\,1\,7 \\
\times\ \ \ \ \ 7 \\
\hline
2\,2\,1\,9
\end{array}
$$

⑤
$$
\begin{array}{r}
3\,6\,8 \\
\times\ \ \ \ \ 3 \\
\hline
1\,1\,0\,4
\end{array}
$$

⑥
$$
\begin{array}{r}
7\,7\,5 \\
\times\ \ \ \ \ 4 \\
\hline
3\,1\,0\,0
\end{array}
$$

⚠️アドバイス 答えがだいたいいくつになるか予想してから計算しましょう。

⑭ 3けた×1けた②

31~32ページ

1
① 816 ② 840 ③ 1626
④ 936 ⑤ 714 ⑥ 5445
⑦ 879 ⑧ 3304 ⑨ 840
⑩ 7047 ⑪ 4984 ⑫ 1015
⑬ 7312 ⑭ 2520 ⑮ 8019
⑯ 4634 ⑰ 4736 ⑱ 4104
⑲ 5103 ⑳ 4128

2
① 588 ② 690 ③ 4905
④ 1032 ⑤ 944 ⑥ 1852
⑦ 2926 ⑧ 4950 ⑨ 2004
⑩ 4887 ⑪ 6013 ⑫ 5400

3

①
$$
\begin{array}{r}
4\,8\,5 \\
\times\ \ \ \ \ 2 \\
\hline
9\,7\,0
\end{array}
$$

②
$$
\begin{array}{r}
9\,2\,7 \\
\times\ \ \ \ \ 3 \\
\hline
2\,7\,8\,1
\end{array}
$$

③
$$
\begin{array}{r}
8\,0\,1 \\
\times\ \ \ \ \ 5 \\
\hline
4\,0\,0\,5
\end{array}
$$

④
$$
\begin{array}{r}
6\,2\,7 \\
\times\ \ \ \ \ 9 \\
\hline
5\,6\,4\,3
\end{array}
$$

⑤
$$
\begin{array}{r}
2\,6\,9 \\
\times\ \ \ \ \ 8 \\
\hline
2\,1\,5\,2
\end{array}
$$

⑥
$$
\begin{array}{r}
8\,3\,4 \\
\times\ \ \ \ \ 6 \\
\hline
5\,0\,0\,4
\end{array}
$$

⑮ **4けた×1けた** 33~34 ページ

1 ①9486　②6824
③9260　④7815
⑤33056　⑥15672
⑦45521　⑧88740
⑨18710　⑩37048
⑪14096　⑫53610
⑬52374　⑭28413

2 ①8464　②6093
③7644　④7516
⑤25965　⑥47880
⑦77868　⑧28036
⑨43944　⑩14055
⑪41610　⑫52703

3
①
```
    1 6 7 2
  ×       6
  1 0 0 3 2
```
②
```
    6 0 1 8
  ×       8
  4 8 1 4 4
```

？アドバイス　かけられる数が大きくなっても，筆算のしかたは同じです。一の位からじゅんに計算していきます。

⑯ **何十をかける計算** 35~36 ページ

1 ①80　②90　③240
④160　⑤210　⑥450
⑦320　⑧560　⑨100
⑩400

2 ①480　②840　③420
④850　⑤720　⑥1860
⑦1500　⑧4240　⑨1200
⑩1800　⑪1000　⑫2000

3 ①40　②320　③420
④420　⑤720　⑥60
⑦280　⑧630　⑨200
⑩160　⑪480　⑫400

⑬960　⑭750　⑮860
⑯780　⑰840　⑱2800
⑲920　⑳3660　㉑2400
㉒1590　㉓1000　㉔2250
㉕5580　㉖3000

？アドバイス　かけられる数とかける数の十の位の数を計算して，その答えを10倍します。

⑰ **2けた×2けた①** 37~38 ページ

1 ①672　②390　③552
④540　⑤972　⑥702
⑦1088　⑧1702　⑨3526
⑩3450　⑪1924　⑫5076
⑬7138　⑭5056　⑮1470
⑯6020

2 ①288　②972　③714
④3096　⑤3900　⑥1032
⑦3723　⑧5264　⑨1824
⑩5063　⑪2660　⑫6320
⑬1311　⑭6110　⑮4503
⑯3008

3
①
```
      2 4
    × 6 4
      9 6
  1 4 4
  1 5 3 6
```
②
```
      3 5
    × 6 0
  2 1 0 0
```
③
```
      6 2
    × 3 6
      3 7 2
  1 8 6
  2 2 3 2
```

？アドバイス　かける数の十の位の計算の答えは，左へ1けたずらして書くことに注意しましょう。また，何十をかける筆算は次のようにするとよいです。

1⑮　　　　　**かんたんなしかた**
```
      4 9              4 9        ─一の位に
    × 3 0            × 3 0          0を書く。
      0 0    ➡    1 4 7 0
  1 4 7              ↑    ↑
  1 4 7 0      十の位の計算をする。
```

⑱ 2けた×2けた② 　39~40ページ

1 ①882 ②2769 ③832
④1120 ⑤2418 ⑥945
⑦1064 ⑧4482 ⑨6478
⑩3485 ⑪2010 ⑫2537
⑬4230 ⑭5727 ⑮3456
⑯5070

2 ①966 ②2184 ③1014
④575 ⑤1152 ⑥2080
⑦774 ⑧1998 ⑨3717
⑩4968 ⑪3009 ⑫2976
⑬1008 ⑭3430 ⑮3034
⑯7200

3
```
①    1 9      ②    8 5      ③    9 4
   ×  5 3        ×  3 8        ×  4 3
      5 7        6 8 0        2 8 2
    9 5        2 5 5        3 7 6
  1 0 0 7      3 2 3 0      4 0 4 2
```

⑲ 3けた×2けた 　41~42ページ

1 ①7824 　②9030
③7812 　④5727
⑤9256 　⑥17794
⑦53485 　⑧19992
⑨35259 　⑩56532
⑪5260 　⑫37450

2 ①7267 　②5028
③9639 　④23932
⑤25481 　⑥11328
⑦35972 　⑧38732
⑨28420 　⑩22833
⑪33600 　⑫11040

3
```
①    1 4 5      ②    4 0 8
   ×    7 6        ×    3 7
      8 7 0        2 8 5 6
  1 0 1 5        1 2 2 4
  1 1 0 2 0      1 5 0 9 6
```

⚠ アドバイス 　何十をかける計算は，次のようなかんたんなしかたでできます。

1 ⑪
```
    2 6 3
  ×   2 0
  5 2 6 0
```
↑ 十の位の計算をする。
└ 一の位に0を書く。

⑳ 3けた×3けた 　43~44ページ

1
```
①    2 6 1      ②    1 5 2
   ×  3 2 5        ×  6 3 2
    1 3 0 5        3 0 4
    5 2 2          4 5 6
  7 8 3          9 1 2
  8 4 8 2 5      9 6 0 6 4
```
③75078 　④90155
⑤176391 　⑥191982
⑦249557 　⑧197112
⑨232156 　⑩293508

2 ①59184 　②82680
③85995 　④383320
⑤82348 　⑥113285
⑦240768 　⑧600996
⑨121472 　⑩173184
⑪761772 　⑫460512

⚠ アドバイス 　3けたと3けたの数のかけ算は，かける数の一の位の数➡十の位の数➡百の位の数のじゅんに計算します。百の位の計算の答えは，左に2けたずらして書きます。

　たし算では，2くり上がることもあるので注意しましょう。

2 ⑩は，十の位の0の計算をはぶいて，次のように計算できます。

```
    2 4 6         2 4 6
  × 7 0 4       × 7 0 4
    9 8 4         9 8 4
  0 0 0    ➡   1 7 2 2
1 7 2 2        1 7 3 1 8 4
1 7 3 1 8 4
```

㉑ かけ算の筆算のまとめ 45~46ページ

1
①96 ②84 ③328
④384 ⑤144 ⑥335
⑦516 ⑧532 ⑨486
⑩568 ⑪896 ⑫4284
⑬2010 ⑭4215 ⑮2205
⑯7520 ⑰1104 ⑱5320
⑲2900 ⑳3105

2
①884 ②6210
③3055 ④7854
⑤59866 ⑥31602

3
①
$$\begin{array}{r} 58 \\ \times 15 \\ \hline 290 \\ 58 \\ \hline 870 \end{array}$$

②
$$\begin{array}{r} 75 \\ \times 40 \\ \hline 3000 \end{array}$$

③
$$\begin{array}{r} 82 \\ \times 98 \\ \hline 656 \\ 738 \\ \hline 8036 \end{array}$$

④
$$\begin{array}{r} 728 \\ \times\ 53 \\ \hline 2184 \\ 3640 \\ \hline 38584 \end{array}$$

⑤
$$\begin{array}{r} 685 \\ \times\ 90 \\ \hline 61650 \end{array}$$

㉒ あまりのないわり算 47~48ページ

1
①2 ②4 ③5 ④3
⑤1 ⑥0 ⑦4 ⑧2
⑨4 ⑩8 ⑪0 ⑫4
⑬6 ⑭5 ⑮7 ⑯2
⑰4 ⑱6 ⑲4 ⑳8
㉑9 ㉒7 ㉓6 ㉔9

2
①2 ②7 ③3 ④5
⑤0 ⑥9 ⑦6 ⑧3
⑨7 ⑩3 ⑪1 ⑫7
⑬8 ⑭9 ⑮5 ⑯0
⑰8 ⑱6 ⑲7 ⑳8
㉑1 ㉒6 ㉓4 ㉔9
㉕8 ㉖7

⦿アドバイス **1**⑥のような0のわり算では，0でないどんな数でわっても，答えは0となります。

㉓ あまりのあるわり算 49~50ページ

1
①2あまり2 ②8あまり1
③2あまり2 ④4あまり2
⑤6あまり1 ⑥2あまり4
⑦6あまり4 ⑧5あまり7
⑨2あまり5 ⑩6あまり1
⑪5あまり3 ⑫3あまり2
⑬6あまり5 ⑭5あまり3
⑮5あまり2 ⑯3あまり4
⑰7あまり4 ⑱7あまり1
⑲7あまり3 ⑳6あまり2
㉑7あまり3 ㉒2あまり7
㉓2あまり6 ㉔7あまり3

2
①3あまり4 ②3あまり1
③4あまり1 ④2あまり2
⑤7あまり4 ⑥6あまり1
⑦6あまり2 ⑧4あまり3
⑨5あまり5 ⑩2あまり3
⑪6あまり4 ⑫2あまり6
⑬7あまり1 ⑭8あまり2
⑮8あまり4 ⑯4あまり4
⑰5あまり4 ⑱9あまり2
⑲8あまり4 ⑳6あまり5
㉑4あまり3 ㉒3あまり5
㉓3あまり5 ㉔8あまり6
㉕7あまり6 ㉖3あまり6

⦿アドバイス わり算をしたら，あまりがわる数より小さくなっているかたしかめましょう。

1⑤ 25÷4＝5あまり5とするようなまちがいに気をつけましょう。

となり，計算が正しいことがわかります。

㉔ わり算①　51~52ページ

1
①3　②3
③3　④8
⑤2　⑥1
⑦3あまり3　⑧5あまり1
⑨5あまり2　⑩8あまり1
⑪2あまり2　⑫2あまり1
⑬5　⑭6
⑮9　⑯6
⑰0　⑱4
⑲4あまり2　⑳5あまり5
㉑8あまり3　㉒7あまり5
㉓6あまり7　㉔3あまり7

2
①7　②9
③3　④7
⑤3あまり2　⑥5あまり5
⑦4あまり4　⑧2あまり2
⑨7　⑩4
⑪1　⑫4
⑬8あまり2　⑭7あまり2
⑮7あまり6　⑯2あまり1
⑰4　⑱0
⑲6　⑳7
㉑3あまり4　㉒7あまり2
㉓6あまり2　㉔9あまり1
㉕3　㉖3あまり8

アドバイス　あまりのあるわり算では，答えのたしかめをしてみましょう。
(わる数)×(わり算の答え)+(あまり)=(わられる数) がたしかめの式です。

1⑧ $11 \div 2 = 5$ あまり 1
わられる数　わる数　答え　あまり
〈答えのたしかめ〉
$2 \times 5 + 1 = 11$

㉕ わり算②　53~54ページ

1
①5　②5
③9あまり2　④8あまり1
⑤9　⑥6
⑦4あまり3　⑧5あまり2
⑨7　⑩7
⑪9あまり1　⑫7あまり2
⑬1　⑭0
⑮1あまり5　⑯7あまり4
⑰3　⑱9
⑲8あまり5　⑳3あまり7
㉑5　㉒4
㉓4あまり5　㉔4あまり5

2
①4あまり2　②5
③1　④7あまり2
⑤5あまり4　⑥7
⑦6　⑧3あまり4
⑨9　⑩9あまり1
⑪3あまり1　⑫1
⑬4あまり1　⑭5
⑮7　⑯2あまり5
⑰4あまり2　⑱7
⑲9　⑳9あまり5
㉑8あまり8　㉒5
㉓8　㉔9あまり5
㉕7あまり5　㉖6

アドバイス　わり算で，あまりがあるときは「わりきれない」といい，あまりがないときは「わりきれる」といいます。わる数のだんの九九がすらすらとなえられると，どちらの計算なのかがすばやくわかります。

55~56ページ

26 大きな数のわり算①

1
①10 ②20 ③10
④20 ⑤40 ⑥10
⑦10 ⑧20 ⑨30
⑩30

2
①12 ②11 ③21
④22 ⑤24 ⑥11
⑦21 ⑧23 ⑨33
⑩11 ⑪31 ⑫11

3
①10 ②13 ③10
④13 ⑤32 ⑥10
⑦20 ⑧44 ⑨22
⑩10 ⑪10 ⑫11
⑬33 ⑭12 ⑮23
⑯50 ⑰22 ⑱14
⑲30 ⑳31 ㉑11
㉒20 ㉓30 ㉔11
㉕12 ㉖32

アドバイス **1**①は，10が（2÷2）こで1こなので，答えは10です。

2は何十といくつに分けて，計算しましょう。

57~58ページ

27 大きな数のわり算②

1
①40 ②400 ③70
④600 ⑤60 ⑥500
⑦40 ⑧300

2
①3 ②3 ③3
④3 ⑤4 ⑥7

3
①40 ②50 ③80
④20 ⑤30 ⑥60
⑦200 ⑧300 ⑨800
⑩800 ⑪700 ⑫500

4
①3 ②7 ③4 ④7
⑤6 ⑥4 ⑦2 ⑧7
⑨6 ⑩9 ⑪8 ⑫5

アドバイス **2**，**4**の答えは，10や100をもとにして考えると，われる数とわる数の0を同じ数ずつ取ったわり算の答えと同じになります。

2③　　$9 \div 3 = 3$
　　　　$90 \div 30 = 3$　等しい

59~60ページ

28 わり算のまとめ

1
①7あまり1 ②0
③9 ④2あまり1
⑤3あまり3 ⑥3
⑦8あまり5 ⑧1
⑨6 ⑩8あまり2
⑪5 ⑫8あまり6
⑬4あまり4 ⑭8
⑮7 ⑯5あまり1
⑰8 ⑱6あまり6
⑲3あまり3 ⑳9
㉑2 ㉒8あまり2
㉓8 ㉔6あまり5

2
①7 ②40 ③15
④9 ⑤7 ⑥38
⑦37 ⑧6

3
①30 ②43 ③11
④20 ⑤12 ⑥10
⑦41 ⑧11 ⑨12
⑩20 ⑪10 ⑫33
⑬44 ⑭30

アドバイス **2**は，わり算の答えのたしかめの式をりようします。

2④は，□×2＋4＝22 となります。この式にあてはまる数を2のだんの九九で見つけると，□は9です。

29 算数パズル

❶

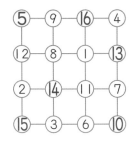

❷

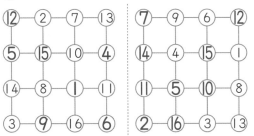

アドバイス わからない○は後回しにして，かく実にわかる○からうめます。

30 小数のたし算

63~64ページ

1 ①0.7　②1.9　③1.7
　④1.3　⑤2.1　⑥0.9
　⑦2.6　⑧2.9　⑨1.3
　⑩1.6　⑪3　⑫1
　⑬1.3　⑭3.1　⑮2.5
　⑯1　⑰2　⑱3.6
　⑲0.8　⑳3　㉑3.6
　㉒1.9　㉓1.6

2 ①2.5　②7.6　③4.3
　④7.9　⑤8.3　⑥10.7
　⑦8　⑧4　⑨11
　⑩13.1

3 ①　　2.3
　　　＋4.6
　　　　6.9

②　　3.9
　＋2.6
　　6.5

③　　5
　＋1.3
　　6.3

④　　4.3
　＋8.7
　1 3.0

---

⑤　　1.6
　＋　7
　　8.6

⑥　　1.4
　＋3 2
　3 3.4

アドバイス 小数の筆算では，整数の筆算と同じように計算して，上の小数点にそろえて，答えの小数点をうちます。小数第一位が0になったら，なめの線で消しましょう。

31 小数のひき算

65~66ページ

1 ①0.2　②0.6　③0.7
　④0.5　⑤1.1　⑥1.5
　⑦3.4　⑧0.6　⑨1.3
　⑩1.5　⑪0.3　⑫0.8
　⑬0.3　⑭2.2　⑮0.2
　⑯1.1　⑰0.9　⑱2.1
　⑲2.6　⑳2.3　㉑2.5
　㉒0.3　㉓1.7

2 ①3.1　②1　③2.1
　④0.9　⑤2.6　⑥0.4
　⑦3　⑧4.5　⑨0.2
　⑩2.4

3 ①　　5.9
　　　－3.2
　　　　2.7

②　　8.3
　－6.3
　　2.0

③　　3.1
　－2.6
　　0.5

④　　6
　－2.7
　　3.3

⑤　　1 3
　－　2.4
　1 0.6

⑥　　9.4
　－5.9
　　3.5

アドバイス **2**③では，下のように4を4.0として，整数と同じように計算してから，答えに小数点をうちます。

　　4.0
　－1.9
　　2.1

93

㉜ 小数のたし算とひき算① 67~68ページ

1
① 1 　② 0.9 　③ 2.3
④ 0.3 　⑤ 1.5 　⑥ 2.8
⑦ 0.7 　⑧ 1.4 　⑨ 3.1
⑩ 1.8 　⑪ 0.5 　⑫ 0.9
⑬ 3.8 　⑭ 5 　⑮ 1.7
⑯ 1.9 　⑰ 4.2 　⑱ 1.2
⑲ 2.5 　⑳ 3.4 　㉑ 1
㉒ 4.7 　㉓ 0.7

2
① 3 　② 5.1 　③ 4
④ 1.3 　⑤ 0.9 　⑥ 1.8
⑦ 5.8 　⑧ 14.1 　⑨ 10
⑩ 2.6

3

①
$$\begin{array}{r} 5.6 \\ +\ 0.4 \\ \hline 6.0 \end{array}$$
②
$$\begin{array}{r} 2.4 \\ +\ 5 \\ \hline 7.4 \end{array}$$

③
$$\begin{array}{r} 3.7 \\ +\ 4.6 \\ \hline 8.3 \end{array}$$
④
$$\begin{array}{r} 5 \\ -\ 4.1 \\ \hline 0.9 \end{array}$$

⑤
$$\begin{array}{r} 7.7 \\ -\ 1.7 \\ \hline 6.0 \end{array}$$
⑥
$$\begin{array}{r} 10.5 \\ -\ 9.8 \\ \hline 0.7 \end{array}$$

❷アドバイス 　**2**⑤，**3**④，⑥は，一の位の0を書きわすれないようにしましょう。

㉝ 小数のたし算とひき算② 69~70ページ

1
① 5.7 　② 5.9 　③ 8.4
④ 14.9 　⑤ 0.6 　⑥ 2.6
⑦ 0.6 　⑧ 2.8 　⑨ 9
⑩ 10 　⑪ 9.7 　⑫ 7.8
⑬ 2.6 　⑭ 2 　⑮ 1.1
⑯ 1.8 　⑰ 23.7 　⑱ 19.8
⑲ 11.6 　⑳ 5.8

2
① 3 　② 0.6 　③ 8
④ 10.2 　⑤ 5.6 　⑥ 8.3
⑦ 0.4 　⑧ 4.7 　⑨ 26.9
⑩ 1.9 　⑪ 10 　⑫ 10.8

3

①
$$\begin{array}{r} 2 \\ +\ 6.7 \\ \hline 8.7 \end{array}$$
②
$$\begin{array}{r} 4.1 \\ +\ 5.9 \\ \hline 10.0 \end{array}$$

③
$$\begin{array}{r} 8.6 \\ +\ 1.5 \\ \hline 10.1 \end{array}$$
④
$$\begin{array}{r} 5.3 \\ -\ 2.3 \\ \hline 3.0 \end{array}$$

⑤
$$\begin{array}{r} 8.2 \\ -\ 7.7 \\ \hline 0.5 \end{array}$$
⑥
$$\begin{array}{r} 17 \\ -\ 6.2 \\ \hline 10.8 \end{array}$$

❷アドバイス 　**1**⑬のように整数から小数をひく場合は，5を5.0と考えて計算することをおぼえておきましょう。

㉞ 小数のたし算とひき算③ 71~72ページ

1
① 35.9 　② 48.3 　③ 37.3
④ 31.9 　⑤ 63.6 　⑥ 95.3
⑦ 75.1 　⑧ 93.5 　⑨ 35.6
⑩ 4.7 　⑪ 18.7 　⑫ 90.1
⑬ 85.3 　⑭ 8.6

2
① 32.2 　② 5.8 　③ 80.6
④ 80.8 　⑤ 28 　⑥ 82.4
⑦ 35.3 　⑧ 28.9 　⑨ 29.5
⑩ 138.2 　⑪ 90.1 　⑫ 134.3
⑬ 67.9 　⑭ 9.7 　⑮ 100

3

①
$$\begin{array}{r} 35.9 \\ +\ 67.9 \\ \hline 103.8 \end{array}$$
②
$$\begin{array}{r} 80 \\ -\ 7.2 \\ \hline 72.8 \end{array}$$

❷アドバイス 　大きな数の小数も，筆算のしかたは同じです。位をそろえて書き，整数と同じように計算し，さい後に小数点をうちます。

1 ①1.6 ②0.7 ③2.6
④0.8 ⑤2.3 ⑥0.1
⑦3 ⑧1.3 ⑨3.5
⑩1.6

2 ①5.7 ②8.3 ③8
④7.5 ⑤3.4 ⑥5
⑦0.2 ⑧0.8 ⑨16.9
⑩4.6

3 ①4.6 ②6.7 ③2.9
④0.4 ⑤5 ⑥2.8
⑦14.4 ⑧5 ⑨10
⑩1.6 ⑪19.5 ⑫5.8

4
①
$$\begin{array}{r} 3.5 \\ +6 \\ \hline 9.5 \end{array}$$
②
$$\begin{array}{r} 3.9 \\ +8.9 \\ \hline 12.8 \end{array}$$
③
$$\begin{array}{r} 13 \\ +4.7 \\ \hline 17.7 \end{array}$$
④
$$\begin{array}{r} 9.4 \\ -9.1 \\ \hline 0.3 \end{array}$$
⑤
$$\begin{array}{r} 8.3 \\ -4.7 \\ \hline 3.6 \end{array}$$
⑥
$$\begin{array}{r} 21 \\ -8.4 \\ \hline 12.6 \end{array}$$

⚫️アドバイス たし算とひき算がまじっているので，記号（きごう）に注意（ちゅうい）して計算しましょう。

4③では，右のようなまちがいがみられます。13は，13.0として，位（くらい）をそろえて書くことにも気をつけましょう。

$$\begin{array}{r} \cancel{13} \\ +4.7 \\ \hline 6.0 \end{array}$$

36 分数のたし算とひき算① 75~76ページ

1 ①$\frac{3}{4}$ ②$\frac{5}{6}$ ③$\frac{2}{4}$ ④$\frac{3}{5}$

⑤$1\left(\frac{5}{5}\right)$ ⑥$\frac{6}{7}$ ⑦$\frac{4}{7}$ ⑧$\frac{3}{5}$

⑨$1\left(\frac{9}{9}\right)$ ⑩$\frac{5}{8}$ ⑪$\frac{1}{6}$ ⑫$\frac{5}{8}$

⑬$\frac{8}{9}$ ⑭$1\left(\frac{7}{7}\right)$ ⑮$\frac{2}{6}$ ⑯$\frac{4}{7}$

⑰$1\left(\frac{9}{9}\right)$ ⑱$\frac{3}{9}$

2 ①$\frac{3}{4}$ ②$\frac{5}{9}$ ③$\frac{2}{5}$ ④$\frac{1}{3}$

⑤$1\left(\frac{10}{10}\right)$ ⑥$\frac{7}{8}$ ⑦$\frac{3}{6}$ ⑧$\frac{4}{8}$

⑨$\frac{4}{7}$ ⑩$1\left(\frac{2}{2}\right)$ ⑪$\frac{3}{10}$ ⑫$\frac{3}{8}$

⑬$1\left(\frac{9}{9}\right)$ ⑭$\frac{7}{10}$ ⑮$\frac{5}{10}$ ⑯$\frac{6}{9}$

⑰$\frac{7}{8}$ ⑱$1\left(\frac{10}{10}\right)$ ⑲$\frac{5}{10}$ ⑳$\frac{2}{8}$

⚫️アドバイス 分数のたし算とひき算では，分母が同じ数ならば，分子どうしをたしたりひいたりします。

　分母と分子が同じ数の分数は，1となります。

1⑤ $\frac{2}{5}+\frac{3}{5}=\underset{2+3=5}{\frac{5}{5}}=1$

　分数のひき算では，1をひく数と同じ分母の分数に直して計算します。

1⑱ $1-\frac{2}{5}=\frac{5}{5}-\frac{2}{5}=\frac{3}{5}$

$\frac{1}{5}$が5こなので$\frac{5}{5}$とします。

　なお，小数と分数を1つの数直線上に表（あらわ）すと，下のようになります。

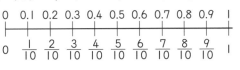

　このかんけいもおぼえておきましょう。

37 分数のたし算とひき算②　77~78ページ

1　① $1\left(\dfrac{3}{3}\right)$　② $\dfrac{1}{3}$　③ $\dfrac{6}{7}$　④ $\dfrac{2}{9}$

⑤ $\dfrac{5}{9}$　⑥ $\dfrac{4}{7}$　⑦ $\dfrac{5}{6}$　⑧ $\dfrac{1}{4}$

⑨ $1\left(\dfrac{8}{8}\right)$　⑩ $\dfrac{5}{7}$　⑪ $\dfrac{7}{9}$　⑫ $\dfrac{3}{10}$

⑬ $\dfrac{9}{10}$　⑭ $\dfrac{1}{9}$　⑮ $1\left(\dfrac{10}{10}\right)$　⑯ $\dfrac{1}{10}$

⑰ $1\left(\dfrac{10}{10}\right)$　⑱ $\dfrac{7}{9}$

2　① $1\left(\dfrac{6}{6}\right)$　② $\dfrac{1}{6}$　③ $\dfrac{7}{8}$　④ $\dfrac{1}{5}$

⑤ $\dfrac{5}{6}$　⑥ $\dfrac{5}{9}$　⑦ $1\left(\dfrac{7}{7}\right)$　⑧ $\dfrac{5}{8}$

⑨ $\dfrac{4}{8}$　⑩ $\dfrac{3}{8}$　⑪ $\dfrac{9}{10}$　⑫ $\dfrac{7}{10}$

⑬ $1\left(\dfrac{9}{9}\right)$　⑭ $\dfrac{2}{9}$　⑮ $1\left(\dfrac{10}{10}\right)$　⑯ $\dfrac{4}{10}$

⑰ $1\left(\dfrac{7}{7}\right)$　⑱ $\dfrac{4}{7}$　⑲ $1\left(\dfrac{10}{10}\right)$　⑳ $\dfrac{2}{10}$

38 分数のたし算とひき算③　79~80ページ

1　① 5　② $\dfrac{1}{9}$　③ $\dfrac{4}{7}$　④ $\dfrac{5}{8}$

⑤ $\dfrac{2}{11}$　⑥ $\dfrac{5}{9}$　⑦ $\dfrac{6}{7}$　⑧ $\dfrac{4}{10}$

⑨ $\dfrac{1}{9}$　⑩ $\dfrac{3}{10}$　⑪ $\dfrac{6}{9}$　⑫ $\dfrac{11}{12}$

2　① $\dfrac{2}{9}$　② $\dfrac{8}{9}$　③ $\dfrac{2}{11}$　④ $\dfrac{8}{11}$

⑤ $\dfrac{8}{10}$　⑥ $\dfrac{4}{7}$　⑦ $\dfrac{2}{12}$　⑧ $\dfrac{3}{14}$

⑨ $\dfrac{6}{7}$　⑩ $\dfrac{6}{10}$　⑪ $\dfrac{11}{13}$　⑫ $\dfrac{2}{15}$

⑬ $1\left(\dfrac{12}{12}\right)$　⑭ $\dfrac{5}{14}$　⑮ $1\left(\dfrac{9}{9}\right)$　⑯ $\dfrac{3}{15}$

◑アドバイス　分数の3つの数の計算をします。整数と同じように左からじゅんに計算していきます。

2⑥　$\dfrac{2}{7}+\dfrac{5}{7}=\dfrac{7}{7}$ となりますが，1としないで，そのまま次の計算をしていきます。

39 まとめテスト　81~82ページ

1　①1623　②453　③8256
④2407　⑤9804　⑥2642
⑦315　⑧531　⑨1312
⑩5034　⑪756　⑫2952
⑬4300　⑭5320　⑮8328
⑯29045　⑰52548

2　①4　②6あまり1
③3あまり5　④0
⑤8あまり3　⑥8
⑦9あまり7　⑧30
⑨43　⑩23
⑪8.2　⑫3　⑬8.3
⑭0.4　⑮10　⑯6.5
⑰28.3　⑱6.8

⑲ $\dfrac{3}{4}$　⑳ $\dfrac{2}{5}$　㉑ $1\left(\dfrac{5}{5}\right)$　㉒ $\dfrac{6}{8}$

㉓ $\dfrac{8}{10}$　㉔ $\dfrac{2}{10}$　㉕ $1\left(\dfrac{10}{10}\right)$　㉖ $\dfrac{8}{14}$

◑アドバイス　**1**は，たし算・ひき算・かけ算の筆算です。位をたてにそろえて書くこと，たし算・かけ算はくり上がりをわすれないこと，ひき算ではくり下がりをわすれないことに気をつけましょう。

2のわり算では，わる数のだんの九九を使うこと，あまりのあるわり算では，あまり＜わる数となることに気をつけましょう。